Mathe ist wirklich noch viel mehr

Paul Jainta · Lutz Andrews

Mathe ist wirklich noch viel mehr

Aufgaben und Lösungen der Fürther
Mathematik-Olympiade 1999–2006

Springer Spektrum

Paul Jainta
Vorsitzender des Fördervereins
Fürther Mathematik Olympiade e. V.
Schwabach, Bayern, Deutschland

Lutz Andrews
Röthenbach a. d. Pegnitz
Bayern
Deutschland

ISBN 978-3-662-61459-4   ISBN 978-3-662-61460-0   (eBook)
https://doi.org/10.1007/978-3-662-61460-0

Die Deutsche Nationalbibliothek verzeichnet diese Publikation in der Deutschen Nationalbibliografie;
detaillierte bibliografische Daten sind im Internet über http://dnb.d-nb.de abrufbar.

Planung/Lektorat: Andreas Rüdinger
Springer Spektrum ist ein Imprint der eingetragenen Gesellschaft Springer-Verlag GmbH, DE und ist
ein Teil von Springer Nature.
Die Anschrift der Gesellschaft ist: Heidelberger Platz 3, 14197 Berlin, Germany

„Es ist noch nichts getan, wenn noch etwas zu tun übrig bleibt"

(Carl Friedrich Gauß, 1777–1855)

Vorwort

„Es gibt drei Arten von Menschen: diejenigen, die rechnen können, und solche, die es nicht können." Unbekannt

Der aktuelle Band ist der dritte in der Reihe mit Aufgaben und Lösungen der Fürther Mathematik-Olympiade (FüMO). Das Buch umfasst den Zeitraum von 1999 bis 2006 und enthält alle Fragestellungen der 8. bis 14. FüMO.

Mathe in der Schule ist schon schlimm genug und dann noch freiwillig mehr Tüfteln zu Hause und zudem kniffligere Aufgaben? So werden sicher viele Schüler denken, wenn sie von der Fürther Mathematik-Olympiade hören. Mathematik in der Schule – das ist eine nahezu unendliche Geschichte und in der Vergangenheit immer wieder mal durch schlechte Tests deutscher Schüler in die Diskussion geraten. Dabei hat sich gezeigt, dass es oft an Kreativität fehlt, wenn unkonventionelle Aufgaben schwerfallen, während Routineprobleme eher bewältigt werden können. Hier kann die Fürther Mathematik-Olympiade helfen: raus aus eingefahrenen Gleisen, hin zu Selbständigkeit und Einfallsreichtum. Und mit FüMO hört es ja nicht auf: Es folgen der Landeswettbewerb, die deutschlandweite Mathematik-Olympiade und der Bundeswettbewerb Mathematik.

Auch die Unis werden profitieren: Deutschland braucht immer mehr Mathematiker (und Informatiker, Ingenieure etc.). Die Ressourcen sind vorhanden, die Studienbedingungen an den bundesdeutschen Hochschulen sind hervorragend, das Fach Mathematik gewinnt immer mehr an Bedeutung in Industrie und Technologie, es gibt viele Jobs und beste Bezahlung und dennoch nicht genug Studenten.

Viele Mathetalente stehen umgekehrt jedoch vor dem Dilemma, dass Schule sie nicht mehr fordert. „Man bekommt fertige Formeln an die Hand, um Lösungen nach Schema F zu finden. Mathematik beginnt aber (erst) dort, wo es Probleme gibt und die Lösungswege erst gefunden werden müssen", hört man sie oft klagen.

Das folgende Szenario beschreibt dieses Manko ziemlich genau, und es ist auch nicht selten: Erst in der 8. Klasse, im Idealfall auch früher, hat eine Mathematiklehrkraft zufällig eine Sonderbegabung bei einem ihrer Schützlinge bemerkt. Nachdem sein Ergebnis bei einem Mathematiktest aus dem Rahmen fällt, legt ihm die Lehrkraft die Aufgaben von der Fürther Mathematik-Olympiade oder vom Landeswettbewerb Mathematik vor. „Das solltest du lösen können", meint die Lehrerin/der Lehrer. Aus dem Stand holt die/der Jugendliche dann einen Preis. Dann darf sie/er zum FüMO-Seminar, zum Mathetag an der Universität oder zur Spitzenförderung (JuMa = Jugend trainiert Mathematik) und besteht auch bei (über)regionalen Wettbewerben.

Der englische Franziskanermönch und Naturphilosoph, Roger Bacon (1561– 1626), genannt „Doctor mirabilis", gilt als einer der ersten Verfechter empirischer Methoden. Sein Wort von der „Mathematik als das Tor und der Schlüssel zu den Wissenschaften" ist in den Aufgeregtheiten der Klimadiskussion wieder ziemlich aktuell. Welchen Weitblick musste doch dieser englische Kirchenmann vor ungefähr 400 Jahren bereits gehabt haben, als er die Mathematik zum Türöffner der Aufklärung beförderte. Die heutigen so genannten MINT-Fächer (MINT = Mathematik, Informatik, Naturwissenschaften und Technik) sind mittlerweile gefragter denn je. In einer Vorankündigung zum MINT-Tag 2011 im Deutschen Museum München hieß es ganz im Sinne des mittelalterlichen Sehers: „Deutschlands wichtigste Ressourcen sind die Talente und der Ideenreichtum seiner Menschen."

Unser Wohlstand basiert auf MINT. Um auch weiterhin die Innovationsfähigkeit der Bundesrepublik zu sichern und auszubauen, muss der Fachkräftebedarf nachhaltig gesichert sein. Mathematisch begabte Kinder können in der durch Komprimierung des Lernstoffs frei gewordenen Unterrichtszeit von so genannten Enrichment-Angeboten profitieren. Solche Angebote wollen die Inhalte des regulären Mathematikunterrichts vertiefen, ergänzen und bereichern. Eines dieser Enrichment-Programme ist FüMO. Und es sollte in der Frühzeit des Schulbesuchs stattfinden, also möglichst bereits in der Grundschule.

„[…] Bildung ist der große Motor der persönlichen Entwicklung." So spann Nelson Mandela 1993, nach seiner Nominierung für den Friedensnobelpreis, diesen Gedanken weiter. Was könnte der langjährige Aktivist und Politiker aus der Republik Südafrika damit gemeint haben? Vielleicht hat er dabei auch an die Mathematik gedacht, die ja ein wesentlicher Bestandteil der Bildung ausmacht. Mathematik ist unverzichtbar, um die Ziele der UN für nachhaltige Entwicklung zu erreichen. Einige Beispiele: Modellierung globaler Veränderungen der Welt und deren Konsequenzen für die Artenvielfalt, Optimierungsverfahren und Datenanalysen für eine nachhaltige Ressourcennutzung. Mit Hilfe Künstlicher Intelligenz können auch Daten von Satellitenbildern extrahiert und Karten von Stadt-, Industrie-, Landschafts- und Waldgebieten erstellt werden, von denen es keine traditionellen Daten gibt. Die globale Erwärmung erfordert sehr viel an mathematischer und technischer Expertise, an weiblichen und männlichen Fachleuten. Solche zu finden, dabei wird FüMO weiter mitwirken. Nie war sie so wertvoll wie heute …

Vielleicht kennen Sie und Ihre Schüler ja das Dilemma: Sie haben die Antwort zu einem Problem skizziert. Wie fantastisch! Aber man ist noch lange nicht fertig. Denn: Vor die Aufgabe gestellt, wie schreibe ich dies verständlich auf – sei es in einem Artikel für eine Zeitung, in einem Kurzbeitrag für einen Web-Blog oder einfach nur für eine Freundin oder einen Freund –, sollte man die Kunst der klaren

Darstellung beherrschen. Brillante Ideen und kreative Lösungen von Problemen sind mehr oder weniger wertlos, wenn man sie nicht „rüberbringen" kann.

Genau vor diesen Schwierigkeiten stehen vor allem jüngere Teilnehmer an Mathematikwettbewerben, die vielleicht schon eine schnelle Idee zur Lösung einer Aufgabe haben, aber nicht wissen, wie sie das formulieren sollen. Im Zweifelsfall lassen sie es dann doch bleiben. Das wäre sehr schade!

Mit diesem Problem stehen wir in der Welt der Mathewettbewerbe nicht allein. Aufgabensteller vergleichbarer Wettbewerbe sehen sich mit ähnlichen Fragen konfrontiert. Hinzu kommt noch bei überregionalen Wettbewerben das Handicap unterschiedlicher Startbedingungen. Erfahrene Teilnehmer an Pluskursen in Mathematik oder Förderprogrammen wie JuMa haben eben einen größeren Wissensvorsprung als manches junge, mathematische Greenhorn. Solche Start-nachteile lassen sich natürlich nicht immer auf gleiche Eingangsvoraussetzungen glatthobeln. Das wollen wir auch nicht. Aber wir könnten doch für vergleichbarere Startbedingungen sorgen...

... und dabei könnte dieser dritte Band aus der Reihe mit Problemen der Fürther Mathematik-Olympiade gute Dienste leisten. Insbesondere (noch) unerfahrene Wettbewerbsanfänger sollten sich jedenfalls nicht von den vermeint-lichen Hürden der gestellten Fragen von vornherein abschrecken lassen. Die Angst wollen wir ihnen mit diesem weiteren Buch nach Möglichkeit nehmen. Es hat sich nämlich regelmäßig in all den Jahren gezeigt, dass die Teilnahme an der Fürther Mathematik-Olympiade ein hervorragendes Trainingsgelände für Erfolge bei anderen Wettbewerben bietet.

„Sag mir, wo die Tüftler sind", titelte noch *Spiegel online* am 6. Juni 2006, denn Deutschlands Wirtschaft gehen langsam die Ingenieure aus. Aktuell ist die Situation nicht besser. Der Nachwuchs in den technischen Studien- und Aus-bildungsrichtungen macht sich immer rarer – und dies trotz bester Berufsaus-sichten. Umso bedeutender sind Mathematikprojekte, weil die Mathematik die Grundlage unserer gesamten (globalisierten und) technologiebasierten Zivilisation ist. Hier also bietet die Fürther Mathematik-Olympiade den idealen Einstieg.

Dabei gäbe es viel zu tun ..., z. B. in der Organisation unserer Zivilisation durch Optimierung von Transportwegen und Kommunikationsnetzen, für das Ver-ständnis der Ausbreitung von Epidemien und deren Kontrolle, oder es könnten die Bereiche Statistik und Optimierung vermehrt genutzt werden, um Gesundheits-, Wirtschafts- und Sozialsysteme effizienter zu planen und zu verwalten. Schließlich kann Mathematik wirksamer eingesetzt werden, um die Risiken von Naturkatastrophen zu verstehen (Überschwemmungen, Erdbeben, Wirbelstürme) und betroffene Populationen rechtzeitig darauf vorzubereiten.

Mathematik ist überall und in allem, was wir tun, etwa in unseren Vorlieben ...

Sie inspiriert bildende Künstler und Musiker zu Symmetrien, Parkettierungen, Fraktalen, (geometrischen) Kurven, Flächen und Formen, Mustern, Tonleitern und Klängen, hilft bei Strategiespielen von Backgammon oder Schach bis hin zum Entwirren eines Zauberwürfels oder beim Strategiespiel Awale, dem afrikanischen Schach. Sehr wichtig ist die Mathematik bei der Erstellung von Finanzplänen und der Nutzung von Planungen oder Konzepten in Bauunternehmen, in der Land-wirtschaft, im Einzelhandel, im Handwerk, im Sport u. v. m.

Diese grundlegende Bedeutung der Mathematik mit ihren unüberschau-baren Anwendungen hat etwa Prof. Dr. Thomas Peternell von der Uni Bayreuth immer wieder bei den Preisverleihungen von FüMO Oberfranken angesprochen. Anlass waren für ihn nicht zuletzt die schlechten PISA-Ergebnisse im Jahr 2002. Er kritisierte dabei die in der Öffentlichkeit diskutierten Konsequenzen aus der Studie. Prof. Peternell sagte schon damals: „Es wird zu viel über Strukturen geredet und zu wenig über Inhalte." Und er ist auch heute immer noch aktuell, wenn er den Rückgang der Geometrie in den bundesweiten Lehrplänen beklagt.

Prof. Peternell begrüßt stattdessen, dass FüMO Schüler an mathematische Probleme heranführen will, deren Lösung Kreativität und längeres Nachdenken erfordert. Diese Fragestellungen seien nicht wie viele Aufgaben im Unterricht mit bereitgestellten Methoden mechanisch zu lösen. Sein Wunsch: „Vielleicht kann der Wettbewerb FüMO […] helfen, mehr Interesse für die Naturwissenschaften zu wecken und überhaupt eine positivere Grundstimmung für das Fach zu erzeugen."

Problemlösen ist also ein bisschen wie Spurensuche an einem Tatort: Man sammelt die Fakten, zieht Schlussfolgerungen und erhält so Beweise für eine kriminelle Tat. Allerdings sind die Kriterien in der Mathematik meist strenger. Vom Prinzip her gleicht ein mathematischer Beweis einer Spielidee im Schach: Matt in drei Zügen. Es müssen die richtigen Züge gefunden werden, und egal, wie der Gegner zieht, auf alle seine Züge muss ich eine Antwort geben, die zum Matt führt.

Wir bieten Runde für Runde viele Möglichkeiten der Spurensicherung an. Aber nicht nur dort. Am FüMO-Tag am Department Mathematik der Friedrich-Alexander-Universität Erlangen kann man regelmäßig in Gruppen mathematische Beweisverfahren ausprobieren oder auf Recherche gehen. Die Fälle heißen dann Schloss knacken, Tabu, Escape Room oder einfach Entschlüsseln. Was sollen also Wettbewerbe im Allgemeinen leisten, was wollen wir speziell mit FüMO erreichen? Die wichtigste Maxime lautet: Begabungen fördern durch die Ent-wicklung von Wissen und Fähigkeiten sowie Persönlichkeiten schärfen und gleichzeitig an den Schulen den Stellenwert mathematischer Bildung stärken und festigen, die Freude an der Beschäftigung mit Mathematik wecken bzw. vertiefen sowie Lehrkräften mit einem dauerhaften Angebot an „anderen" Aufgaben konkrete Anregungen für ihre Unterrichtsgestaltung aufzeigen. Ein gemeinsames Merkmal dieser Aktivitäten ist, dass die Teilnehmerinnen und Teilnehmer üblicherweise in zwei Stufen mehr oder weniger anspruchsvolle Knobel- bzw. Problemaufgaben als Hausaufgaben oder in Klausuren (allein) bearbeiten sollen und nach einem einheit-lichen Schema bewertet werden. Dies dient dann etwa bei der FüMO als Kriterium für eine Weiterempfehlung zu überregionalen oder bundesweiten Maßnahmen. Auf der einen Seite sind solche „Wettkämpfe" auf Grund ihres spielerischen Charakters – zumal in der 5./6. Jahrgangsstufe – unter den Schülerinnen und Schülern sehr beliebt. Durch die Würdigung ihrer erzielten Erfolge durch Urkunden, kleine Sachpreise oder eine Veröffentlichung innerhalb der Schule bzw. in der Lokal-presse besitzen sie für die erfolgreichen Teilnehmerinnen und Teilnehmer auch einen ideellen Wert. Andererseits dürfe nach einer Untersuchung des Didaktikers Prof. Dr. Friedhelm Käpnick (Westfälische Wilhelms-Universität Münster, 1998) nicht unberücksichtigt bleiben, dass sich Misserfolge in solchen Wettbewerben u. a. auch zum Nachteil auf weitere Aktivitäten des Kindes auswirken können. Hinzu kommt in der Regel ein weiteres Manko bei erstmaliger Teilnahme im frühen Alter, nämlich dass fast ausschließlich die Punktbewertung der Einzelleistungen im Vordergrund steht und (noch) nicht das Eingehen auf die Verwendung individueller Lösungsverfahren und somit allgemein die Entwicklung besonderer mathematischer Fähigkeiten nicht näher beachtet bzw. verstärkt werden. Vordergründig liegt somit der besondere Schwerpunkt bei Wettbewerben wie FüMO darauf, frühzeitig Talente zu sichten, sie zu fördern und ihnen einen dauerhaften Spaß an außerschulischer Mathematik mitzugeben.

Leider bleibt in den Lehrplänen Mathematik verglichen mit früheren Jahren immer weniger Raum für problemlösendes Denken. In den Schulbüchern finden sich fast ausschließlich Standardaufgaben, die mechanisch zu lösen sind, und kaum sog. offene Fragestellungen. Mathematik ist ja eine Kunst, eine Suche nach kreativen Lösungswegen und nicht das Einhämmern von immer gleichen Lösungstechniken. Gerade für interessierte und begabte Schülerinnen und Schüler eignen sich offene Fragestellungen insbesondere dazu, ihre Kunstfertigkeiten und Talente ausleben zu lassen. Die Tatsache, dass an einer offenen Frage sehr viel breiter und intensiver gearbeitet werden kann, steigert die Motivation, sich in eine Aufgabenstellung zu vertiefen. Solche Fragestellungen sind ein spezifisches Erkennungsmerkmal für FüMO-Aufgaben.

Bei der Fürther Mathematik-Olympiade finden besonders begabte Lernende ein Umfeld, in dem sie sich über dem schulischen Leistungsniveau bewegen können. Daneben bietet der Wettbewerb diesen Schülerinnen und Schülern neben der inhaltlichen Attraktivität auch die Möglichkeit, mit Gleichgesinnten an einem Problem zu arbeiten, und so fördert er Eigenschaften wie Selbständigkeit, Kompetenz im Problemlösen, Sachkompetenz, Sozialkompetenz und die Fähigkeit, mit Stresssituationen umzugehen. Durch die Teilnahme an einem Wettbewerb bzw. einer Olympiade finden begabte Schülerinnen und Schülern allgemein eine Lernumgebung vor, die ihren Fähigkeiten und Anforderungen entspricht und sie herausfordert.

Der Mikrokosmos „FüMO" behauptet sich weiterhin unangefochten in der Welt der „großen" Wettbewerbe. Worin liegt nun das besondere Merkmal für seinen Erfolg? Nun, der Wettbewerb entwickelt ein selbstbewusstes Eigenleben mit vielen bunten Einsprengseln und sorgt für ein gleich bleibendes Rauschen im Blätterwald und so manchen Hingucker. Jede Wettbewerbsrunde bringt ständig Neues zum Tüfteln: „Logisches, Geometrisches, Alltägliches, Kombinatorik, Zahlentheorie, Winkel- und Flächenberechnungen […], mit ausführlichen Lösungen – nach Strategien oder Verfahren geordnet – und alles auf durchaus hohem Nivcau: Mathematik-Olympiade eben!", hieß es in einer früheren Verlagsanzeige. Zu finden sei hier (nahezu) das gesamte Spektrum, „das anspruchsvolle Lernende brauchen […]". Sicher eine gute Investition für Schülerbibliotheken,

Pluskurse, Arbeitsgemeinschaften oder eben wissensdurstige Schüler oder Knobel-
freunde, die zusätzlich gefordert werden wollen.

Im Internet kursieren inzwischen zahlreiche positive Einschätzungen zu den
FüMO- Aufgaben. Ein Mathe-Tiger schreibt etwa: „Auf […] Seiten erwartet
den interessierten Mathe-Fan […] ein Buch voller packender Knobeleien, Spitz-
findigkeiten oder scheinbar unlösbarer Rätsel." Schnell schaffe es das FüMO-
Team nicht nur, „den Leser mit klassischen Alltagsproblemen zu fesseln […]
sondern auch mit solcher Art von Aufgaben eine knisternde Mathe-Erotik (!) zu
versprühen". Zum Glück fällt diese Art von Sinnesfreude nicht unter das Thema
„Kinderschutz." Ganz im Gegenteil: Es sollen gerade die Jüngeren von den
Schönheiten der Mathematik angelockt und verführt werden.

Auch dieser Band beinhaltet eine Fülle von Leckerbissen aus dem reichhaltigen
Büfett der Mathematik: Gelee-Eier, Fallobst, Murmelsalat oder Schnapszahlen.
Gefeiert wird bei Dr. Eiecks Denkliegeparty, mit dem Herr(n) der Ringe oder dem,
„der mit der Zahl tanzt", mit einem Mathefloh und mit Perlenhaarbändern bei
Ferien in Geradien u.v.m. Für jeden ist etwas dabei von jung bis „Wie ALT ist das
Dreieck?" Es ist also angerichtet…

Über die im Buch dargebotene Schönheit von Mathematik lässt sich vielleicht
streiten, aber möglicherweise ist es die Einstellung, die einen blockiert.
„Mathematik ist oft wie Bergsteigen: Man muss sich manchmal etwas quälen, bis
der Gipfel erreicht ist, aber das Gefühl etwas geschafft zu haben, ist herrlich." Der
herrliche Ausblick auf (mathematische) Erhebungen und der Blick in tiefe Täler
lässt alle Beschwernisse vergessen.

Schwabach   Paul Jainta StD i. R.
28. Februar 2020   Vorsitzender des Vereins FüMO e. V.
                                                       Lutz Andrews
                         Mitglied des Vorstandes des Vereins FüMO e. V.

Danksagung

„Gedenke der Quelle, wenn du trinkst." Volksweisheit

Den beiden Gründern der Fürther Mathematik Olympiade (FüMO), Paul Jainta und Rudolf Großmann, damalige Mathematiklehrkräfte am Gymnasium Stein bei Nürnberg, gebührt ein großer Dank für den Aufbau des Wettbewerbs in der schwierigen Anfangszeit. Fast von Anbeginn begleiten Dr. Eike Rinsdorf (Dietrich- Bonhoeffer-Gymnasium Oberasbach) und Alfred Faulhaber (Sigmund-Schuckert- Gymnasium Nürnberg-Eibach) den Wettbewerb als Organisatoren vor Ort, Ideengeber und Aufgabenausdenker. Sie haben FüMO tatkräftig unterstützt und besitzen einen großen Anteil daran, dass der Wettbewerb eine weite Verbreitung gefunden hat. Ein zusätzlicher Dank gilt den Organisatoren Bertram Hell (Leibniz- Gymnasium Altdorf) und Christine Streib (Johann-Schöner-Gymnasium Karlstadt), sowie Gudrun Tisch (damals Aschaffenburg) und Andrea Stamm (Würzburg), die in den Folgejahren zum FüMO-Team gestoßen sind.

Die vorliegenden Aufgaben und Lösungen (und auch die aus dem Band *Mathe ist noch viel mehr*) wurden von diesen engagierten Lehrern aus Mittel- und Unterfranken in der Vergangenheit erstellt und ausgearbeitet. Besonders zu erwähnen ist auch das Engagement von Vera Krug und Lutz Andrews, beide Eltern von früheren Teilnehmern, die sich später in die Teamarbeit eingeklinkt haben. Ein besonderer Dank gehört zusätzlich Alfred Faulhaber, der den Verein FüMO e. V. viele Jahre als stellvertr. Vereinsvorstand mitgeführt hat, sowie Rudolf Grossmann, der in der gesamten Zeit für die Homepage des Wettbewerbs zuständig war.

Wir danken zudem dem damaligen Schulleiter am Gymnasium Stein, OStD Kurt Dänzer, der die beiden Wettbewerbsgründer tatkräftig dabei unterstützt hat, die Fürther Mathematik-Olympiade an den fünf Nachbargymnasien in der Stadt bzw. im Landkreis Fürth einzuführen.

In diesen Dank einschließen wollen wir auch die Schulleitungen aller teilnehmenden Realschulen und Gymnasien, sowie die Regionalleiterinnen und Regionalleiter und Lehrkräfte an den Schulen, die uns in der schwierigen Startphase und während des langjährigen Bestehens des Wettbewerbs unterstützt und begleitet haben sowie alle ehrenamtlichen Korrektorinnen und Korrektoren.

Ein ganz besonderes Dankeschön gehört natürlich allen Teilnehmern an dieser Urform des Wettbewerbs, die sich an eine wohl für sie gänzlich neue Herausforderung gewagt haben, sowie ihren anspornenden Eltern.

Der Wettbewerb ist von Beginn an unter einer besonderen Schirmherrschaft gestanden. Als Schirmherrin der Fürther Mathematik-Olympiade konnte die frühere Fürther Landrätin Dr. Gabriele Pauli gewonnen werden. Mit ihrer Persönlichkeit, ihrem guten Namen und ihrer öffentlichen Stellungnahme hat sie nach außen das außergewöhnliche Engagement der Organisatoren des Wettbewerbs deutlich wahrnehmbar werden lassen. Wir danken ihr sehr für diesen bemerkenswerten Einsatz.

Das Unternehmen FüMO wäre ohne die jahrelange Unterstützung durch Sponsoren nicht möglich geworden. Stellvertretend möchten wir hier den Hauptsponsor seit dem Jahr 2000 nennen, die Hermann Gutmann Stiftung Nürnberg. Der damalige Vorstandsvorsitzende der Stiftung, Herr Diplom-Kaufmann Dr. h.c. Hans Novotny, hatte einen entscheidenden Anteil an der Gründung des Fördervereins Fürther Mathematik-Olympiade e. V. im November 2000 und damit am Aufstieg des Wettbewerbs in die Bundesliga der mathematischen Begabtenförderung.

Die Stiftung hat nun bald 20 Jahre den Wettbewerb überaus großzügig unterstützt. Seine Tochter und Nachfolgerin, Frau Angela Novotny, hat diese umfangreiche finanzielle Förderung fortgeführt. Wir bedanken uns herzlich auch für ihr Engagement am Wettbewerb. Seit es den Verein gibt, sind die Teilnehmerzahlen sprunghaft gestiegen und haben die 2000er Marke weit überschritten. Ohne diese überaus noble Unterstützung unserer Maßnahmen seitens der Stiftung hätten wir alle weiteren Maßnahmen nicht stemmen können: FüMO-Tag an der Universität Erlangen-Nürnberg, Mathetag an der Universität Würzburg, Mathetage an den Unis Bayreuth und Passau, an den Fachhochschulen Regensburg und Aschaffenburg, Zusammenarbeit mit der Uni Augsburg (z. B. Vorträge), ein früherer Schülerzirkel an der Uni Erlangen, Professoren als Referenten anlässlich von Preisverleihungen, die Betreuung der Filialen in den Regierungsbezirken u. v. m.

Schließlich danken wir Herrn Dr. Andreas Rüdinger und Frau Bianca Alton vom Springer-Verlag für die nachhaltige und freundliche Begleitung dieses Buchprojekts und dessen Aufnahme in das SpringerSpektrum-Programm. Ein besonderer Dank gehört dabei auch Lutz Andrews, der alle Texte, Tabellen, Verzeichnisse und Grafiken in LATEX gesetzt hat.

Paul Jainta

Inhaltsverzeichnis

Teil I
Aufgaben der 5. und 6. Jahrgangsstufe

Kapitel 1
Zahlenquadrate und Verwandte

1.1 Papierstreifen

Anja schreibt in die elf Kästchen eines Papierstreifens natürliche Zahlen. Danach radiert sie, bis auf zwei, wieder alle Zahlen aus. Dasselbe macht sie auf einem zweiten Papierstreifen. In beiden Fällen erhält sie:

1										7

Iris soll die fehlenden Zahlen wieder herausfinden. Dazu verrät ihr Anja, dass sie die Zahlen

  a) einmal so eingetragen hat, dass die Summe von drei nebeneinander stehenden Zahlen immer 12 beträgt,
  b) und einmal so, dass die Summe von drei nebeneinander stehenden Zahlen immer 9 oder 16 beträgt und die Summe aller Zahlen in den elf Kästchen den Wert 49 hat.

Welche Zahlen könnte Anja jeweils eingetragen haben? Gibt es in Teil a bzw. Teil b nur eine Lösung?
  (Lösung Abschn. 17.1)

1.2 Zahlenpyramide

In Abb. 1.1 sind zehn Zahlen so einzutragen, dass die Summe der vier Zahlen einer Dreiecksseite für alle drei Seiten gleich groß ist. Der Wert dieser Summe heißt magische Zahl S.

© Springer-Verlag GmbH Deutschland, ein Teil von Springer Nature 2020
P. Jainta und L. Andrews, *Mathe ist wirklich noch viel mehr*,
https://doi.org/10.1007/978-3-662-61460-0_1

Abb. 1.1 Zahlenpyramide

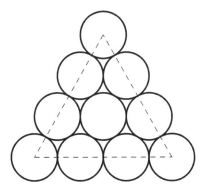

Abb. 1.2 Minisudoku

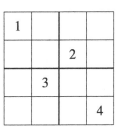

a) Trage die Zahlen 0, 1, 2, 3, ... , 9 so ein, dass die magische Zahl S möglichst
   groß wird. Wie groß ist in diesem Fall S? Begründe dein Vorgehen.
b) Trage die zehn FüMO-Jahreszahlen 1992, 1993, ... , 2001 so ein, dass S möglichst klein wird. Wie groß ist in diesem Fall S?

Bemerkung: In der 13. FüMO wurde diese Aufgabe, leicht verändert, noch einmal
gestellt.
   (Lösung Abschn. 17.2)

1.3   Minisudoku

Gegeben ist ein Quadrat mit vier mal vier Kästchen. Das Quadrat ist außerdem in
vier Unterquadrate mit je zwei mal zwei Kästchen unterteilt. Linda hat bereits vier
Zahlen eingetragen und möchte so fortfahren, dass am Ende in jeder Zeile und in
jeder Spalte des Quadrats sowie in jedem Unterquadrat jeweils alle Zahlen von 1 bis
4 vorkommen (Abb. 1.2).

Zeige: Dies ist möglich. Beschreibe, wie du deine Lösung gefunden hast.
   (Lösung Abschn. 17.3)

Kapitel 2
Alles mit und um Zahlen

2.1 Iris und ihre Zahlen

Iris möchte herausfinden, um wie viel die Summe aller ungeraden vierstelligen Zahlen größer ist als die Summe aller geraden vierstelligen Zahlen, ohne die Summen auszurechnen.

Kannst du ihr helfen?
(Lösung Abschn. 18.1)

2.2 Die besondere Zahl von Max

Max hat eine besondere Zahl gefunden. Wenn er, ausgehend von dieser Zahl, genau sechsmal nacheinander jeweils die Einerziffer streicht und die neue Zahl mit 7 multipliziert, so bleibt ihm am Schluss die Zahl 7 übrig.

Außerdem stellt Max fest, dass sich seine Anfangszahl durch 9 teilen lässt.
Von welcher Zahl könnte Max ausgegangen sein? Gib alle Möglichkeiten an!
(Lösung Abschn. 18.2)

2.3 Alles quer

Ermittle alle natürlichen Zahlen n mit folgenden Eigenschaften: Die Zahl n ist durch 8 teilbar, besitzt die Quersumme 10 und das Querprodukt 12.

Hinweis: Das Querprodukt einer Zahl ist das Produkt aller Ziffern. Die Quersumme einer Zahl ist die Summe aller Ziffern. Die Zahl 276 besitzt z. B. das Querprodukt 84 und die Quersumme 15.
(Lösung Abschn. 18.3)

© Springer-Verlag GmbH Deutschland, ein Teil von Springer Nature 2020
P. Jainta und L. Andrews, *Mathe ist wirklich noch viel mehr,*
https://doi.org/10.1007/978-3-662-61460-0_2

2.4 Primfaktorzerlegung

Pia beschäftigt sich gerne mit der Primfaktorenzerlegung natürlicher Zahlen. Dabei behauptet sie, dass die Zahlen 60 und 90 folgende besondere Eigenschaften haben: Keine der beiden Zahlen ist ein Teiler der anderen, jede ist aber jeweils Teiler des Quadrats der anderen Zahl.

Zeige: Pias Zahlen haben die geforderten Eigenschaften.

    Finde nun ein Paar zweier Zahlen, die nicht durch 3 teilbar sind, mit diesen Eigenschaften und weise diese nach.

    (Lösung Abschn. 18.4)

2.5 qn-Zahl

Eine natürliche Zahl heißt eine qn-Zahl, wenn sie selbst und ihre Quersumme durch n teilbar sind.

a) *Zeige:* Die Zahl 133 ist die kleinste dreistellige $q7$-Zahl.
b) Wie lautet die größte dreistellige $q7$-Zahl?
c) *Zeige:* Es gibt genau eine dreistellige $q24$-Zahl.

(Lösung Abschn. 18.5)

2.6 Brüchig

Bestimme den Bruch $\frac{z}{n}$ zwischen $\frac{97}{36}$ und $\frac{96}{35}$ mit dem kleinsten Nenner.

Hinweis: Zähler z und Nenner n sind natürliche Zahlen.

    (Lösung Abschn. 18.6)

2.7 Ausradierte Division

Herr Rubber radiert einzelne Stellen (mit x gekennzeichnet) einer Divisionsaufgabe (verkürzte Form, Abb. 2.1) aus und fordert von Frau Number, aus dem Rest die ursprüngliche Aufgabe wiederherzustellen. Frau Number fand zwei Lösungen.

Findest du mehr?

    (Lösung Abschn. 18.7)

Abb. 2.1 Ausradierte
Division

$$
\begin{array}{l}
\underline{4}\ x\ x\ x\ x\ x\ 7\ x : 1\ x = x\ x\ x\ x\ x\ x\ x\\
\underline{3}\ x\\
\quad \underline{8}\ x\\
\qquad \underline{9}\ x\\
\qquad\quad x\ x\ \underline{7}\\
\qquad\quad\ \underline{x\ x\ x}\\
\qquad\qquad\qquad 0
\end{array}
$$

2.8 Addieren oder Subtrahieren

Frau Number schreibt die Zahlen $1, 2, 3, \ldots, 13$ nebeneinander. Herr Rubber soll zwischen je zwei benachbarten Zahlen ein Plus- oder ein Minuszeichen setzen und den entstehenden Term berechnen.

Beispiel: $1 + 2 + 3 - 4 + 5 + 6 - 7 - 8 + 9 + 10 - 11 + 12 + 13 = 31$
   Können die Zahlen

a) 21,
b) 22 und
c) 23

jeweils als Ergebnis auftreten?
   (Lösung Abschn. 18.8)

2.9 Milleniumsrechenmaschine

Mia hat eine Milleniumsrechenmaschine für natürliche Zahlen gebastelt (Abb. 2.2).

Oben wird die Zahl 2 000 angezeigt. Durch Drücken einer der vier Tasten

A: 1 subtrahieren,
B: 2 subtrahieren,
C: mit 3 multiplizieren,
D: durch 3 dividieren, falls möglich,

Abb. 2.2 Milleniumsrechenmaschine

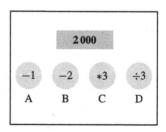

kann diese Zahl verändert werden. So wird z. B. nach dem Drücken der Taste B die
Zahl 1 998 angezeigt. Mona schafft es mit 20 Tastendrücken, die Zahl 2 000 in die
Zahl 2 001 zu überführen.

Schaffst du es mit weniger Tastendrücken? Beschreibe dein Vorgehen.
(Lösung Abschn. 18.9)

2.10 Welche Zahlen?

Für welche positiven ganzen Zahlen a, b, c und d mit $b > c$ gilt
$2\,001 = (2 + a) \cdot (0 + b) \cdot (0 + c) \cdot (1 + d)$?

Bestimme alle verschiedenen Lösungen.
(Lösung Abschn. 18.10)

2.11 Der Trick von Carl Friedrich Gauß

Begründe durch Zusammenfassen von jeweils zwei Summanden, dass gilt:

$$2\,001 = 55 + 56 + 57 + \ldots + 69 + \ldots + 81 + 82 + 83$$
$$2\,001 = 6 + 7 + 8 + \ldots + 34 + 35 + \ldots + 61 + 62 + 63$$

Es gibt weitere fünf Summen aufeinanderfolgender positiver ganzer Zahlen, deren
Summenwert die Zahl 2 001 ergibt. Finde vier davon.

Hinweis: Der berühmte Mathematiker Carl Friedrich Gauß hat diesen Trick bereits
als Kind in der Volksschule angewendet.
(Lösung Abschn. 18.11)

2.12 Zahlen stehen Kopf

Zahlen (im Dezimalsystem), die normal gelesen und auf den Kopf gestellt gelesen
jeweils dieselbe Zahl ergeben, heißen Kopfzahlen. Die Eins wird dabei mit dem Zeichen l geschrieben.

Hinweis: l0l, 6l9, 89 068 sind Kopfzahlen, aber nicht l6l und 89 098.

a) Gib alle zwei- und vierstelligen Kopfzahlen der Größe nach geordnet an.
b) Folgere aus Teil a die Anzahl aller sechsstelligen Kopfzahlen, ohne diese einzeln
   hinzuschreiben.
c) Die Differenz der Kopfzahlen 968 896 und 888 888 ergibt wieder eine Kopfzahl,
   nämlich 80 008.

Gib zwei verschiedene achtstellige Kopfzahlen an, deren Differenz wieder eine Kopfzahl verschieden von 0 ist.

(Lösung Abschn. 18.12)

2.13 Summe und Differenz

Achim schreibt vier einstellige Zahlen nebeneinander hin. Er wählt zwei Zahlen aus, bildet die Summe S und die Differenz D (die größere Zahl ist dabei der Minuend der beiden Zahlen) und ersetzt eine der beiden Zahlen durch die Einerziffer von S und die andere Zahl durch D.

Beispiele: $1, 7, 3, 3 \Rightarrow 1, 4, 0, 3$ oder $1, 0, 4, 3$, da $7 + 3 = 10, 7 - 3 = 4$ ist.

a) Wie kann Achim durch mehrfache Anwendung dieses Verfahrens aus den Zahlen $2, 0, 0, 1$ die Zahlen $2, 0, 0, 2$ erhalten?
b) Kann Achim auf diese Weise auch aus $2, 0, 0, 2$ die Zahlenreihe $2, 0, 0, 3$ bilden?

(Lösung Abschn. 18.13)

2.14 Das Palindrom

Eine natürliche Zahl mit mindestens zwei Stellen heißt Palindrom oder Spiegelzahl, wenn ihre Ziffern, in umgekehrter Reihenfolge gelesen, wieder dieselbe Zahl ergeben.
Beispiele: 11, 363 oder 2 002.

a) Petra schreibt alle Palindrome von 11 bis 2 002 der Größe nach geordnet auf. Wie findest du möglichst einfach heraus, wie viele Zahlen Petra aufgeschrieben hat?
b) Das Palindrom 2 002 lässt sich als Summe dreier Palindrome mit jeweils verschiedener Stellenzahl schreiben. Bestimme alle möglichen solcher Darstellungen.

(Lösung Abschn. 18.14)

2.15 Zahlenbestimmung

Bestimme die kleinste natürliche Zahl, die

a) mit dem Ziffernblock 2 002 beginnt und bei der Division durch 2 001 den Rest 2 000 lässt;

b) mit dem Ziffernblock 2 002 endet und bei der Division durch 2 001 den Rest 2 000 lässt;

c) mit dem Ziffernblock 2 002 beginnt und mit dem Ziffernblock 2 002 endet und bei der Division durch 2 001 den Rest 2 000 lässt.

(Lösung Abschn. 18.15)

2.16 Eins Zwei Eins

Xenia notiert verdeckt eine dreistellige Zahl, in der nur die Ziffern 1 oder 2 vorkommen. Wie viele Zahlen muss Ina auf jeden Fall aufschreiben, damit mit Sicherheit eine Zahl darunter ist,

a) die mit Xenias Zahl übereinstimmt?

b) die an mindestens einer Stelle mit Xenias Zahl übereinstimmt?

c) die an mindestens zwei Stellen mit Xenias Zahl übereinstimmt?

Begründe jeweils, warum deine genannten Versuchszahlen ausreichen und warum es nicht mit weniger Zahlenvorschlägen geht.

(Lösung Abschn. 18.16)

2.17 Die Fümoianer

Die Bewohner des Planeten Fümo benutzen an statt der Finger ihre Fühler zum Zählen. Da sie keine zehn Fühler haben, rechnen sie nicht im Zehnersystem wie wir, sondern verwenden ein Zahlensystem, welches genauso viele Ziffern besitzt, wie die Fümoaner Fühler haben. In diesem fremdartigen Zahlensystem lautet z. B. eine Multiplikation so: $(23)_? \cdot (13)_? = (332)_?$.

a) Wie viele Fühler hat ein Fümoaner?

b) Welchen Wert erhält ein guter Fümo-Knobler als Ergebnis von $(232)_? + (323)_? + (312)_?$?

(Lösung Abschn. 18.17)

2.18 Jahreszahlen konstruieren

Susi möchte mit den Ziffern 1, 2, 3, . . . , 9 in genau dieser Reihenfolge einen Term finden, der die Zahl 2 003 ergibt. Dabei dürfen alle Zeichen der vier Grundrechenarten ($+, -, \cdot, \div$) und Klammern verwendet werden. Für 2 002 hat sie bereits einen Term gefunden: $2002 = (1 + 2) \cdot (3 + 4) \cdot (5 + 6) \cdot 78 \div 9$.

Finde zwei verschiedene solche Terme für 2 003.

(Lösung Abschn. 18.18)

2.19 Multiplikationstick

Anne hat einen Multiplikationstick. Jedes Mal, wenn sie zwei Zahlen miteinander multiplizieren soll, addiert sie zum Wert des Produkts noch eine 1.

So erhält sie z. B. für $6 \cdot 7$ das Ergebnis $6 \cdot 7 = 6 \cdot 7 + 1 = 43$.

Auf einem Blatt Papier stehen drei verschiedene natürliche Zahlen, die größer als 1 sind. Anne „multipliziert" auf ihre Weise die kleinste mit der mittleren, danach ihr Ergebnis mit der größten Zahl. Als Endergebnis erhält sie die Zahl 2003.

Welche drei Zahlen könnte Anne „multipliziert" haben? Bestimme alle Lösungen.
(Lösung Abschn. 18.19)

2.20 Divisionsreste

Jonas sucht nach allen natürlichen Zahlen, die bei Division durch 2 den Rest 0, bei Division durch 7 den Rest 2 und bei Division durch 5 den Rest 4 lassen. Dann notiert er diese Zahlen aufsteigend der Größe nach.

Wie lautet die 29. Zahl in dieser Zahlenfolge?
(Lösung Abschn. 18.20)

2.21 2004 und gerade Zahlen

Anja zerlegt die Zahl 2004 in drei Summanden, bildet dann das Produkt dieser Zahlen und stellt fest, dass das Ergebnis eine gerade Zahl ist.

Beispiel: $2004 = 2 + 2 + 2000, 2 \cdot 2 \cdot 2000 = 8000, 8000$ ist eine gerade Zahl.

Anja behauptet nun: Wenn wir die Zahl 2004 irgendwie als Summe von drei natürlichen Zahlen schreiben, so ergibt das Produkt dieser drei Zahlen immer eine gerade Zahl.

Ihre Schwester Iris probiert das Gleiche mit vier Summanden und behauptet nach mehreren Versuchen: Wenn wir die Zahl 2004 als Summe von vier natürlichen Zahlen schreiben, so ergibt das Produkt dieser vier Zahlen auch immer eine gerade Zahl.

Zeige: Anja hat Recht, und Iris hat immer Unrecht.
(Lösung Abschn. 18.21)

2.22 Chris und sein Problem

Chris will alle fünfstelligen Zahlen addieren, die jede der Ziffern 1, 3, 5, 7 und 9 genau ein Mal enthalten.

Wie viele solcher Summanden gibt es, und welchen Wert hat die Summe?
(Lösung Abschn. 18.22)

2.23 Schnapszahlen

Eine mindestens zweistellige natürliche Zahl aus lauter gleichen Ziffern heißt Schnapszahl.

Beispiele: 11, 333 und 7 777 sind Schnapszahlen.

Die Jahreszahl 2 004 lässt sich als Summe von neun Schnapszahlen schreiben:

$$2\,004 = 1\,111 + 222 + 99 + 99 + 99 + 99 + 99 + 99 + 77$$

Zeige: Auch die Zahl 2 005 lässt sich als Summe von höchstens neun Schnapszahlen darstellen.
(Lösung Abschn. 18.23)

2.24 Riesenzahl

Stell dir vor, wir würden die Zahl 2 005 so oft nebeneinander schreiben, bis eine Zahl mit 2 004 Ziffern entsteht. Dann teilen wir diese Riesenzahl durch 3.

Wie oft steht die Ziffer 0 im Ergebnis? Bestimme die Quersumme des Ergebnisses.

Hinweis: Die Quersumme einer Zahl ist die Summe ihrer Ziffern.
(Lösung Abschn. 18.24)

2.25 Quadratschlange

Marco möchte alle Zahlen von 1 bis 15 so in die 15 Kästchen schreiben, dass die Summe von jedem Paar benachbarter Zahlen eine Quadratzahl ergibt.

Beispiel: Stehen im dritten, vierten und fünften Kästchen die Zahlen 10, 6 und 3, so ist für das vierte Kästchen folgende Bedingung erfüllt: $10 + 6 = 16$ und $6 + 3 = 9$ sind Quadratzahlen.

a) Welche vier Quadratzahlen kommen für die Summe benachbarter Zahlen nur in Frage?

b) Welche der Zahlen von 1 bis 15 können nur durch eine einzige andere Zahl zu einer Quadratzahl ergänzt werden?

c) *Zeige:* Es gibt für Marco nur zwei verschiedene Möglichkeiten, die Zahlen mit der oben genannten Bedingung einzutragen.

(Lösung Abschn. 18.25)

2.26 Die magische 1

Iris denkt sich zwei dreistellige Zahlen aus. Sie bildet die Summe und die Differenz der beiden Zahlen und stellt fest, dass beide Ergebnisse nur die Ziffer 1 enthalten.

Welche zwei Zahlen könnte sich Iris gedacht haben? Gib alle Möglichkeiten an.
(Lösung Abschn. 18.26)

2.27 Eine Teilungsgeschichte

Bestimme die kleinste 2 005-stellige Zahl, die durch 99 teilbar ist.
(Lösung Abschn. 18.27)

2.28 Zahlenumwandlung

Eike verwendet folgende Methode, um eine gegebene Zahl in eine andere umzuwandeln: Jede Ziffer, die kleiner als 5 ist, wird verdoppelt, jede andere Ziffer wird um 5 verkleinert.

Beispiele: Aus 7 280 wird 2 430, aus 545 wird 080, also 80.

a) Eike schreibt die Zahl 2 006 auf. Welche Zahl würde am Ende entstehen, wenn er das obige Verfahren 2 006-mal auf 2 006 anwendet?

b) Gib vier Zahlen an, mit denen Eike beginnen könnte, um nach 2 006-facher Anwendung des Verfahrens die Zahl 2 006 zu erhalten. Begründe deine Überlegungen.

(Lösung Abschn. 18.28)

2.29   Zahlensuche

Paul schreibt eine dreistellige Zahl dreimal auf ein Blatt Papier. Die erste Zahl lässt er einfach stehen, an die zweite hängt er eine 0 und an die dritte Zahl eine 4 an.

Welche Zahl könnte sich Paul gedacht haben, wenn er uns verrät, dass die Summe dieser drei Zahlen eine Zahl ergibt, die mit 7 beginnt und mit 9 endet? Gib alle Lösungen an.
(Lösung Abschn. 18.29)

2.30   Gebundene Zahlen

In einer endlichen Folge natürlicher Zahlen heißt eine Zahl x gebunden, wenn es in dieser Folge eine Zahl a links von x und eine Zahl b rechts von x gibt, so dass x gleich der halben Summe aus a und b ist. Zahlen x in dieser Folge, für die es solche Zahlen a und b nicht gibt, heißen frei.

Beispiel: In der Zahlenfolge 2, 4, 5, 3, 6, 7, 1 sind die Zahlen $4 = (2 + 6) \div 2$; $5 = (4 + 6) \div 2$ sowie 3 und 6 gebunden, die restlichen Zahlen 2, 7 und 1 sind frei.

a) Bestimme alle gebundenen Zahlen in der Folge 1, 2, 3, 4, 5, . . . , 2 005, 2 006.
b) Ordne die Zahlen von 1 bis 14 so an, dass diese Zahlenfolge nur freie Zahlen enthält.

(Lösung Abschn. 18.30)

Kapitel 3
Kombinieren und geschicktes Zählen

3.1   In der Sportstunde

a) In der Sportstunde stehen jeweils zwölf Schüler der Klassen 6a und 6b in einem
Kreis. Für die Mannschaftseinteilung lässt der Lehrer beginnend bei Adam im
Uhrzeigersinn bis 7 zählen, diesen siebten Schüler aus dem Kreis treten und dann
ab dem nächsten Schüler wieder bis 7 zählen, usw.
Wie sollten sich die Schüler der 6a im Kreis aufstellen, damit nach dem Ausschei-
den von zwölf Kindern nur noch die Schüler aus der 6b im Kreis verbleiben?

b) Zur Bestimmung des Torwarts wird in der Mannschaft von Adam das Verfahren
von Teil a so lange angewandt, bis nur noch ein Schüler – der Torwart – steht.
Wo sollte zu zählen begonnen werden, damit Adam übrig bleibt?

(Lösung Abschn. 19.1)

3.2   Schlüsselsalat

Ein Hotel hat 50 Zimmertüren mit 50 verschiedenen Schlüsseln. Jeder Schlüssel
öffnet genau eine Tür.

Als Rache für seine Entlassung löst der Portier alle Anhänger von den Schlüsseln
und wirft alle auf einen Haufen. Nun soll der Hausdiener für jede Tür wieder den
passenden Schlüssel finden.

Wie oft muss er dabei im ungünstigsten Fall einen Schlüssel in ein Schloss stecken?
Dabei sollen möglichst wenige „Schlüsselproben" durchgeführt werden.
(Lösung Abschn. 19.2)

© Springer-Verlag GmbH Deutschland, ein Teil von Springer Nature 2020
P. Jainta und L. Andrews, *Mathe ist wirklich noch viel mehr,*
https://doi.org/10.1007/978-3-662-61460-0_3

3.3 Herr der Ringe

Im Buch *Herr der Ringe* werden die Seiten von 7 (erste gedruckte Seite) bis 1 089
(letzte Seite des Romans) fortlaufend nummeriert.

a) Wie viele Ziffern benötigt man zur Nummerierung der Seiten?
b) Wie oft wird dabei die Ziffer 0 gedruckt?
c) Wie lautet die 2 002. Ziffer (ab Seite 7 gezählt), und auf welcher Seite befindet
   sie sich?

(Lösung Abschn. 19.3)

3.4 Jubiläum

FüMO ist im Sommer 2 002 zehn Jahre alt geworden. Aus diesem Anlass haben wir
„FÜMO" zehnmal untereinander geschrieben.

a) Wie oft kann man „FÜMO" lesen, wenn man beim F links oben startet und auch
   „schräges" Lesen (Springen um eine Zeile nach unten bzw. oben) zugelassen ist?
   Beispiel: Siehe fett gedrucktes „FÜMO", welches bei beliebigem O enden kann.
b) Wie viele derartige Lesemöglichkeiten gibt es jeweils mehr, wenn man bei dem
   F in der zweiten bzw. dritten Zeile startet?
c) Wie viele Möglichkeiten gibt es insgesamt, in der untenstehende Figur „FÜMO"
   auf obige Art zu lesen?

```
F Ü M O
F Ü M O
F Ü M O
F Ü M O
F Ü M O
F Ü M O
F Ü M O
F Ü M O
F Ü M O
F Ü M O
```

(Lösung Abschn. 19.4)

3.5 Schlangenfamilie

Luisa betrachtet Zahlenschlangen von besonderer Form: Der Kopf besteht aus einer zweistelligen, der Körper aus einer dreistelligen Zahl, wobei weder am Kopf noch am Körper die erste Ziffer 0 ist.

Beispiele: 20 − 118 oder 71 − 901

a) Wie viele Schlangen dieser Form gibt es?
b) Schlangen, deren „Kopfzahlen" bzw. „Körperzahlen" jeweils dieselbe Quersumme haben, gehören zur selben Familie. So sind z. B. die Schlangen 23 − 123 und 50 − 222 in derselben Familie, weil die Quersummen der „Kopfzahlen" bei beiden gleich 5 und die der „Körperzahlen" bei beiden gleich 6 sind.
Wie viele weitere Schlangen gehören zu dieser Familie?
c) Luisa findet eine Familie, die aus genau sechs Schlangen besteht.
Kannst du auch eine solche Familie angeben?

(Lösung Abschn. 19.5)

3.6 Orthogo

In der Siedlung Orthogo sind alle Straßen rechtwinklig angelegt (Abb. 3.1).

a) Auf wie vielen verschiedenen Wegen kann Ben von zu Hause (*B*) ohne Umweg zur Schule *S* gehen?
b) Wie viele verschiedene Wege zur Schule gibt es, wenn Ben jedes Mal seine Freundin Katja (*K*) abholt?

(Lösung Abschn. 19.6)

Abb. 3.1 Orthogo

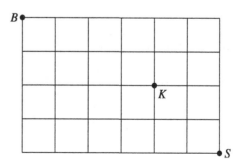

3.7 Nummerieren von Brüchen

Anna versucht die neu gelernten echten Brüche zu nummerieren. Der Anfang sieht folgendermaßen aus:

Nummer	1	2	3	4	5	6	7	...
Bruch	$\frac{1}{2}$	$\frac{1}{3}$	$\frac{2}{3}$	$\frac{1}{4}$	$\frac{2}{4}$	$\frac{3}{4}$	$\frac{1}{5}$	...

a) Auf welche Weise hat Anna die Brüche nummeriert?
b) Welche Nummer gehört zum Bruch $\frac{1}{12}$?
c) Wie lautet der Bruch mit der Nummer 356?

(Lösung Abschn. 19.7)

3.8 Gummibärchen

In einer Gummibärentüte sind 27 gelbe, 18 weiße, 33 grüne und 25 rote Bärchen. Die „Naschkatze" Lisa lässt sich gerne überraschen und nimmt daher blind immer ein Bärchen aus der Tüte.

a) Wie oft muss sie in die Tüte greifen, um sicher einen grünen Bären zu erhalten?
b) Wie viele Gummibären muss sie im Höchstfall herausnehmen, damit sie von jeder Farbe mindestens ein Bärchen bekommt?
c) Nach wie vielen Ziehungen hat sie sicher mindestens drei Bären einer Farbe?

(Lösung Abschn. 19.8)

3.9 Fallobst

Stefan hat drei Körbe mit insgesamt 55 Äpfeln gefüllt. Die kleine Maja nimmt fünf Äpfel aus dem zweiten Korb. Sie legt drei davon in den ersten, die restlichen zwei in den dritten Korb. Nun bringt Eva in ihrer Schürze noch weitere Äpfel, die sie gleichmäßig auf die drei Körbe verteilt. Jetzt sind im zweiten Korb doppelt so viele Äpfel wie im ersten und im dritten doppelt so viele wie im zweiten.

Wie viele Äpfel hat Stefan zu Beginn in jeden Korb gefüllt? Warum gibt es nur eine Lösung?
(Lösung Abschn. 19.9)

Abb. 3.2 Die Wege des
Königs

E	U	K	L	I	D
U	U	K	L	I	D
K	K	K	L	I	D
L	L	L	L	I	D
I	I	I	I	I	D
D	D	D	D	D	D

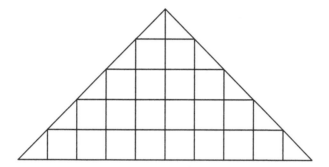

Abb. 3.3 Dreieckelei

3.10 Die Wege des Königs

Auf den Feldern eines 6 × 6-Schachbretts sind Buchstaben verteilt (Abb. 3.2). Auf
wie viele verschiedene Arten können wir das Wort „EUKLID" lesen, wenn wir wie
der König im Schachspiel immer nur auf ein benachbartes Feld waagerecht, senkrecht
oder schräg weiterziehen dürfen?

Bemerkung: Euklid war ein griechischer Mathematiker um 300 v. Chr.
  (Lösung Abschn. 19.10)

3.11 Dreieckelei

Das Dreieck in Abb. 3.3 ist zehn Kästchen breit. Darin lassen sich 35 Dreiecke
aufspüren, die man längs der Linien zeichnen kann.

Beschreibe, wie sich die 35 Dreiecke abzählen lassen, und übertrage dieses Verfahren
auf ein entsprechendes Dreieck, das 20 Kästchenlängen breit ist.
  (Lösung Abschn. 19.11)

Kapitel 4
Was zum Tüfteln

4.1 16 Schafe

In Abb. 4.1 hat ein Bauer 16 Schafe (Kreise) durch 25 Zaunteile (schwarze Striche) in vier Gruppen von acht, drei, drei und zwei Schafen aufgeteilt. Der Bauer möchte nun durch Versetzen von einigen der inneren neun Zaunteile die 16 Schafe in drei Gruppen von sechs, sechs und vier Schafen aufteilen.

Schaffst du es, indem du nur zwei der inneren Zaunteile versetzt? Wenn du eine Lösung gefunden hast, versuche es, wieder ausgehend von der abgebildeten Figur, mit dem Versetzen von genau drei inneren Zaunteilen, dann mit vier, fünf, sechs und sieben! Es genügt, jeweils eine zeichnerische Lösung anzugeben.
(Lösung Abschn. 20.1)

4.2 Dreh dich Würfel

Drei Würfel, deren sechs Würfelflächen so von 1 bis 6 nummeriert sind, dass die Summe der Augenzahlen von zwei gegenüberliegenden Flächen jeweils 7 ergibt, liegen unmittelbar nebeneinander in einer Reihe auf einem Tisch (Abb. 4.2).

Abb. 4.1 16 Schafe

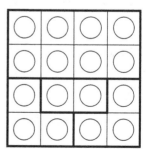

Abb. 4.2 Dreh' dich Würfel

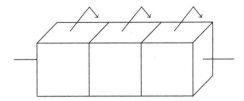

Bei der folgenden Aufgabe darf jeder Würfel einzeln und unabhängig von den anderen gedreht werden, aber nur um die gemeinsame Längsachse aller drei Würfel.

Warum kann man die Würfel – unabhängig von der Ausgangsstellung – immer so drehen, dass sie mit den nach oben weisenden Augenzahlen eine dreistellige, durch 3 teilbare Zahl anzeigen? Beschreibe, bei welcher Ausgangslage der Würfel dies nicht mehr gelingt, wenn man nur den ersten Würfel drehen darf (Begründung!).

Hinweis: Eine Zahl ist genau dann durch 3 teilbar, wenn ihre Quersumme durch 3 teilbar ist.
     (Lösung Abschn. 20.2)

4.3   Glasmurmeln

Anna hat von ihrem Vater einen Korb voll Glasmurmeln bekommen. Davon schenkte sie Britta die Hälfte und noch eine halbe Murmel, vom Rest an Christa wieder die Hälfte und eine halbe, ebenso an Doris und Erika jedes Mal vom Rest die Hälfte und eine halbe. Alle Murmeln blieben dabei ganz.

Wie viele Murmeln hatte Anna am Anfang im Korb, wenn ihr am Schluss genau sechs Murmeln übrig geblieben sind?
     (Lösung Abschn. 20.3)

4.4   Palindrome der Digitaluhr

Anna Bruch schreibt an ihre Freundin: „Du weißt doch, Palindrome sind Zahlen, die von vorn und hinten gelesen gleich sind. Bei einer Digitaluhr sind z. B. 0 : 00, 0 : 30, 3 : 03 oder 13 : 31 Palindrome, wenn man die Doppelpunkte vernachlässigt. Wie oft zeigt eine Digitaluhr im Laufe eines Tages auf diese Weise ein Palindrom an?"
     (Lösung Abschn. 20.4)

4.5 Der Bücherwurm

Peter hat vor einem Jahr seine drei *Winnetou*-Bände mit je 400 Seiten in üblicher Reihenfolge (links Band I) ins Bücherregal gestellt. Da er seither kein Buch gelesen hat, hat sich im ersten Band ein Bücherwurm eingenistet, der sich in 4 h durch 80 Blätter und in 3 h durch einen Buchumschlag frisst.

In welcher Zeit bohrt sich der Wurm von der ersten Seite des ersten Bandes bis zur Seite 280 von Band III?
(Lösung Abschn. 20.5)

4.6 Zahlensymmetrie

Mehrere Bücherregale ergeben ein Lager, genauer gilt:

$$RE,GAL \cdot 4 = LA,GER$$

Wie sind die Buchstaben durch Ziffern zu ersetzen, wenn jeder Buchstabe einer bestimmten Ziffer entspricht (Anfangsziffer $\neq 0$) und verschiedene Buchstaben verschiedene Ziffern bedeuten? Gibt es mehrere Lösungen?
(Lösung Abschn. 20.6)

4.7 Buchstaben und Zahlen

Anja und Iris erfinden Buchstabenrätsel. Dabei soll gelten: Jeder Buchstabe steht für eine bestimmte Ziffer, verschiedene Buchstaben stehen für verschiedene Ziffern:

Anja: Iris:

$$
\begin{array}{r}
E\ I\ N\ S \\
+\ D\ R\ E\ I \\
\hline
V\ I\ E\ R
\end{array}
\qquad
\begin{array}{r}
E\ I\ N\ S \\
+\ V\ I\ E\ R \\
\hline
F\ U\ E\ N\ F
\end{array}
$$

a) *Zeige:* Für Anjas Rätsel kann es keine Lösung geben.
b) Iris hat für ihr Buchstabenrätsel eine Lösung gefunden, bei der gilt:
$F + U + E + N + F < 14$

Zeige: Es gibt für diesen Fall mehr als eine Lösung.
(Lösung Abschn. 20.7)

Abb. 4.3 Mühlesteineschieben

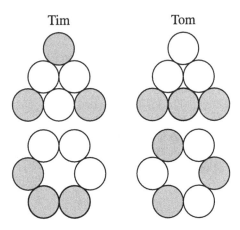

4.8 Mühlesteinschieben

Tim und Tom haben vor sich auf dem Tisch jeweils ein Muster aus drei weißen und drei schwarzen Mühlesteinen gelegt (Abb. 4.3). Nun verschieben sie immer einen Stein ohne Hochheben so, dass er nach dem Zug mindestens zwei andere Steine berührt.

Gib jeweils eine Möglichkeit an, wie Tim und Tom ihr Ausgangsmuster mit möglichst wenigen Zügen in das jeweils darunter angegebene Endmuster überführen können.
(Lösung Abschn. 20.8)

4.9 Murmelsalat

Hanna verteilt 47 Murmeln so auf fünf Schachteln, dass in jeder Schachtel gleich viele Murmeln sind und sieben übrig bleiben. Jetzt befinden sich in jeder Schachtel genau acht Murmeln, also eine mehr, als übrig sind.

Alfons möchte nun 2 003 Kugeln verteilen. Wie viele Schachteln kann Alfons dafür nehmen, wenn nach dem Verteilen die Anzahl der Kugeln in jeder Schachtel gerade um eins größer sein soll als die Anzahl der Kugeln, die übrig bleiben? Dabei soll stets mindestens eine Kugel übrig bleiben. Gib alle Möglichkeiten an und beschreibe, wie du sie gefunden hast.
(Lösung Abschn. 20.9)

Abb. 4.4 Balkenwaage

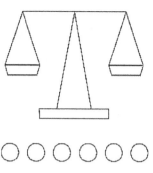

4.10 Leichte und schwere Kugeln

Anja hat sechs gleich aussehende Kugeln und eine Balkenwaage vor sich (Abb. 4.4). Sie weiß, dass drei Kugeln jeweils 200 g, die anderen drei jeweils 220 g wiegen.

Wie kann sie ohne weitere Hilfsmittel mit genau drei Wägungen herausfinden, wie schwer jede Kugel ist? Nummeriere die Kugeln und betrachte mehrere Fälle.
(Lösung Abschn. 20.10)

4.11 Obstsalat

Vier rotbackige Äpfel wiegen so viel wie fünf dicke Birnen. Zwei dicke Birnen und ein rotbackiger Apfel wiegen so viel wie zwei samtene Pfirsiche.

Was ist schwerer, ein samtener Pfirsich und eine dicke Birne oder zwei rotbackige Äpfel?
(Lösung Abschn. 20.11)

4.12 Schachbrett – mal anders betrachtet

Peter schneidet aus einem Schachbrett zusammenhängende Figuren mit sechs Feldern entlang der Linien aus, wobei jede Figur genau zwei schwarze Felder haben soll.

a) Zeichne alle möglichen derartigen Figuren.
   Bemerkung: Symmetrische bzw. gedrehte Figuren wie in Abb. 4.5 zählen dabei nur einfach.
b) Aus wie vielen Feldern bestehen die kleinste und die größte Figur mit genau zwei schwarzen Feldern?
   Zeichne alle diese minimalen und maximalen Figuren.

(Lösung Abschn. 20.12)

Abb. 4.5 Schachbrett – mal
anders betrachtet

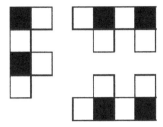

4.13   Der Recyclingkalender

Petra hat für das Jahr 2005 einen hübschen Wochenkalender mit vielen Tierbildern
bekommen.

a) In welchem Jahr kann sie diesen Kalender wieder verwenden? Hierzu sollten in
   beiden Jahren für jeden Tag Datum und Wochentag übereinstimmen.
b) In welchem Jahr kann sie ihren Kalender von 2004 wieder benutzen?

(Lösung Abschn. 20.13)

4.14   Der fünfte Advent

Luzia hat einen Adventskranz mit vier Kerzen A, B, C und D sowie eine Ersatzkerze
E. Für die Adventszeit hat sie einen Brennplan entworfen.

1. Advent: Die Kerze A brennt zur Hälfte ab.
2. Advent: Die Kerze A brennt vollständig ab, Kerze B zur Hälfte.
3. Advent: Die Kerzen C, D und E brennen zur Hälfte ab.
4. Advent: Die Kerzen B, C, D und E brennen vollständig ab.

   a) Im Land Pentagonien gibt es fünf Adventssonntage und daher Kränze mit fünf
      Kerzen. Auch hier reichen insgesamt fünf Kerzen, wenn die Kerzen an den
      Adventssonntagen jeweils zu einem Drittel abbrennen.
      Erstelle einen Brennplan.
   b) In Sextanien gibt es Kränze mit sechs Kerzen für die sechs Adventssonntage.
      Wie viele Kerzen benötigen wir, wenn die angezündeten Kerzen an den Sonn-
      tagen jeweils ein Drittel ihrer Brenndauer leuchten sollen? Erstelle auch dafür
      einen Brennplan.

(Lösung Abschn. 20.14)

4.15 Sonntagskinder

Anna und Bernd wurden im gleichen Jahr an Sonntagen geboren, wobei Anna im Januar und Bernd im Juli Geburtstag feiern. 2 004 fielen beide Geburtstage erstmals wieder auf Sonntage.

In welchem Jahr sind beide geboren?
  (Lösung Abschn. 20.15)

Kapitel 5
Logisches und Spiele

5.1 Die Lügeninsel

Auf einer wenig bekannten Insel lügen die Männer immer montags, mittwochs sowie freitags und sagen an den anderen Tagen die Wahrheit. Die Frauen lügen nur immer am Donnerstag, Freitag und Samstag. Ein Forscher, der diese Eigenarten kennt, trifft an einem Morgen einen Mann und eine Frau. Auf die Frage nach dem heutigen Wochentag antwortet der Mann nach einigem Grübeln: „Gestern war für mich ein Lügentag." Die Frau ergänzt: „Ich habe gestern auch nur gelogen."

An welchem Wochentag findet dieses Gespräch statt?
(Lösung Abschn. 21.1)

5.2 Familie Kreis

a) Karin Kreis schreibt ihrer mathebegeisterten Freundin Anna Bruch: „Wenn man die Lebensjahre meines Mannes und unserer beiden Kinder miteinander multipliziert, erhält man 2 450. Die Summe der drei Altersangaben entspricht gerade deinem doppelten Alter. "
   Wie alt sind Vater und Kinder Kreis, wenn Anna gerade 27 Jahre alt ist?
b) Die Freundin Anna antwortet: „Komisch, für meinen Mann und die zwei Kinder gilt wortwörtlich das gleiche Zahlenrätsel." Frau Kreis, die ihr Alter kennt, kann das Rätsel aber erst lösen, nachdem sie im Brief gelesen hat, dass das jüngste Kind Flöte spielt.
   Wie alt sind Frau Kreis und die Kinder von Anna Bruch?

(Lösung Abschn. 21.2)

© Springer-Verlag GmbH Deutschland, ein Teil von Springer Nature 2020   29
P. Jainta und L. Andrews, *Mathe ist wirklich noch viel mehr,*
https://doi.org/10.1007/978-3-662-61460-0_5

Abb. 5.1 Quadrathopserei

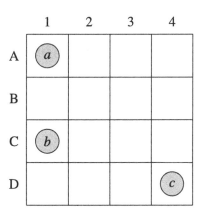

5.3 Quadrathopserei

Auf dem Spielplan (Abb. 5.1) besteht ein Zug darin, eine der Spielfiguren a, b und c beliebig auszuwählen und diese dann entweder waagerecht oder senkrecht bis zum nächsten Hindernis zu bewegen. Hindernisse sind andere Spielfiguren oder die Ränder des Spielplans. In der gegebenen Ausgangsposition sind deshalb für die Figur a nur die Züge A1–B1 oder A1–A4, für die Figur b nur C1–B1, C1–D1 oder C1–C4 und für die Figur c nur D4–D1 oder D4–A4 möglich.

a) Versuche, mit möglichst wenigen Zügen die Figur a (natürlich auch unter Verwendung der anderen Figuren) auf das Feld B2 zu bringen.
b) Löse die gleiche Aufgabe für die Figuren b und c.
c) Versuche, mit möglichst wenigen Zügen zu erreichen, dass am Ende jede Spielfigur auf dem Startfeld einer anderen Spielfigur steht und mindestens eine von ihnen auf ihrem Weg das Feld B2 passiert hat.

(Lösung Abschn. 21.3)

5.4 Der mit der Zahl tanzt

Beim Spiel „Numbermind" denkt sich Anna eine sechsstellige Zahl aus den Ziffern 1 bis 6, wobei jede Ziffer genau ein Mal vorkommt. Bernd soll diese Zahl erraten. Er schlägt sechsstellige Zahlen vor, bei denen ebenfalls jede der Ziffern 1 bis 6 jeweils genau einmal vorkommt. Anna gibt wahrheitsgemäß an, wie viele Ziffern an der richtigen Stelle stehen. Bei einem Spieldurchlauf erfährt Bernd, dass bei 162 453 und 425 136 keine Ziffer richtig steht. Bei 162 435 steht eine, bei 426 153 auch eine, und bei 246 531 stehen drei Ziffern am richtigen Platz.

Welche Zahl hat sich Anna gedacht?
(Lösung Abschn. 21.4)

Abb. 5.2 Schiffe versenken

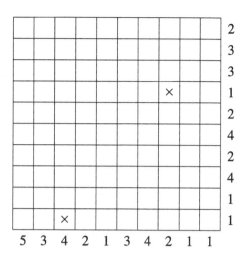

5.5 Schiffe versenken

In einem Quadratgitter (Abb. 5.2) sind ein Flugzeugträger (fünf Felder in Reihe), ein Zerstörer (vier Felder in Reihe), zwei Begleitschiffe (je drei Felder in Reihe), drei Schnellboote (je zwei Felder) und fünf U-Boote (je ein Feld) verteilt. Die Schiffe stehen waagerecht oder senkrecht. Kein Schiff grenzt direkt an ein anderes, auch nicht diagonal. Die von Schiffen bzw. Schiffsteilen besetzten Felder der jeweiligen Spalte oder Zeile sind am Rand angegeben. Im Diagramm sind bereits zwei der U-Boote eingetragen.

Finde die Lage der anderen Schiffe.
(Lösung Abschn. 21.5)

Kapitel 6
Geometrisches

6.1 Sechsecke zerlegen

Das große Sechseck ist so in sechs Teile zu zerlegen, dass man daraus die drei kleineren Sechsecke bilden kann (Abb. 6.1).

a) Gib eine solche Zerlegung an, bei der ein Teilstück dreieckig ist.
b) Gib eine solche Zerlegung an, bei der keines der Teilstücke dreieckig ist.

(Lösung Abschn. 22.1)

6.2 Supernette Zahlen

a) Eine Zahl n nennen wir nett, wenn es ein Quadrat gibt, das sich vollständig in n nicht unbedingt gleich große Teilquadrate zerlegen lässt. Abb. 6.2 zeigt eine Zerlegung in sechs Teilquadrate.
Zeige: 7, 11 und 15 sind nette Zahlen.

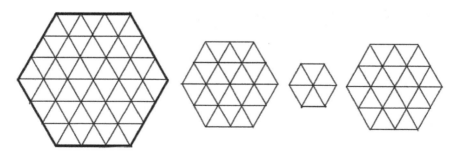

Abb. 6.1 Sechsecke zerlegen

© Springer-Verlag GmbH Deutschland, ein Teil von Springer Nature 2020
P. Jainta und L. Andrews, *Mathe ist wirklich noch viel mehr*,
https://doi.org/10.1007/978-3-662-61460-0_6

Abb. 6.2 Supernette Zahlen

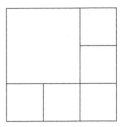

b) Eine Zahl n nennen wir doppeltnett, wenn es eine Zerlegung gibt, bei der nur
   Teilquadrate in genau zwei verschiedenen Größen verwendet werden. So ist z. B.
   die Zahl 6 eine doppeltnette Zahl.
   Begründe, warum alle geraden Zahlen größer als 4 doppeltnett sind.

c) Eine Zahl n nennen wir supernett, wenn es eine Zerlegung in lauter gleich große
   Teilquadrate gibt.
   Welche Zahlen sind supernett? Finde eine supernette Zahl, die auch doppeltnett
   ist, und zeichne die zugehörigen Zerlegungen.

(Lösung Abschn. 22.2)

6.3 Briefmarken

Petra hat drei rechteckige Briefmarken mit glatten Rändern.

1. Die beiden ersten haben zwar gleichen Flächeninhalt, decken sich aber nicht,
   wenn man sie aufeinanderlegt.
2. Die dritte Marke hat einen kleineren Flächeninhalt als jede der beiden anderen.
3. Alle Seitenlängen sind ganzzahlige Vielfache von 1 cm.

Petra entdeckt, dass sich die drei Marken lückenlos und überschneidungsfrei zu
einem 6 cm langen und 5 cm breiten Rechteck zusammenfügen lassen.

Welche Maße haben die drei Marken? Warum gibt es nur eine Lösung? (Lösung
Abschn. 22.3)

Kapitel 7
Alltägliches

7.1 Zugverspätung

Ein Zug fährt täglich um 15.15 Uhr in Adelheim ab und kommt bei gleichbleibender Geschwindigkeit um 16.05 Uhr im 80 km entfernten Bernstadt an. Wegen eines starken Unwetters kann heute der Zug nach 15 min normaler Fahrt die Reststrecke nur noch mit einer Geschwindigkeit von 40 km pro Stunde zurücklegen.

Wie viele Minuten Verspätung hat der Zug bei seiner Ankunft in Bernstadt?
(Lösung Abschn. 23.1)

7.2 Gelee-Eier

Im Supermarkt sind Schokoladenostereier mit und ohne Füllung eingetroffen. Aus der Rechnung erkennt man, dass die gefüllten Eier doppelt so teuer sind wie die einfachen Schokoladeneier und dass für jede Sorte genau 200 DM berechnet wurden. Außerdem wurde genau eine Schachtel Gelee-Eier geliefert. Die Lieferung besteht aus insgesamt sechs Schachteln, auf denen nur die Anzahlen 120, 130, 150, 160, 170 und 190 stehen, aber nicht die Sorte. In jeder Schachtel befindet sich nur eine Sorte.

Wie kann man durch Überlegung feststellen, welche Schachtel die Gelee-Eier enthält und wie viel ein einfaches Schokoladenei kostet?
(Lösung Abschn. 23.2)

7.3 In der Wüste

Ein Pilot musste sein Privatflugzeug in der Wüste Sahara notlanden. Er kann aber wegen eines Defektes in der Funkanlage keine Hilfe herbeirufen. Bis zur nächsten Oase

© Springer-Verlag GmbH Deutschland, ein Teil von Springer Nature 2020
P. Jainta und L. Andrews, *Mathe ist wirklich noch viel mehr,*
https://doi.org/10.1007/978-3-662-61460-0_7

mit Funkgerät sind es sechs Tagesmärsche. Eine Person kann jedoch nur Proviant (Wasser!) für vier Tage tragen. (Im Flugzeug gibt es genügend viele Tagesrationen.)

a) Wie muss der Pilot die Wanderung zur Oase planen, wenn er zwei Helfer hat, die zwischenzeitlich Verpflegung weitergeben können, aber das Flugzeug bzw. die Oase sicher erreichen wollen?

b) Wie kann der Pilot die Oase auch ohne Helfer in weniger als zwei Wochen erreichen?

Tipp: Lege geeignete Zwischenlager an.

(Lösung Abschn. 23.3)

7.4 Bürgermeisterwahl

Karin Kreis berichtet, dass beim Auswerten der Stimmen einer Bürgermeisterwahl erstmals automatisch gezählt wurde. Gleichzeitig wurde auch nach herkömmlicher Art gezählt. Für den Kandidaten Preis ergaben sich bei automatischer Zählung der Anteil $0,29$ und nach üblicher Art $0,29\overline{3}$. Eine genaue Nachzählung lieferte das Endergebnis $0,29\overline{30}$. Dabei entdeckte man, dass bei gleicher Anzahl abgegebener Wahlzettel die automatische Zählung einige Stimmen für Preis zu wenig erkannte und die herkömmliche Art genau eine Stimme zu viel ergab.

Wie viele Wahlzettel (<5000) wurden abgegeben, und wie viele Stimmen erkannte die automatische Zählung zu wenig?

(Lösung Abschn. 23.4)

7.5 Das Testament

Ein junger Ehemann, der bei einem Unfall starb und für seine schwangere Frau und den zu erwartenden Nachwuchs ein Erbe von 91 000 € hinterließ, hielt in seinem Testament fest, dass dieses Geld folgendermaßen verteilt werden solle: Ein männlicher Nachkomme erhält dreimal so viel wie die Ehefrau, wogegen eine Tochter nur den dritten Teil des Geldes der Mutter bekommt.

a) Nun entstammt der Ehe ein Zwillingspärchen (Mädchen und Junge). Wie ist das Erbe dem Testament entsprechend zu verteilen?

b) Welches Geschlecht hätten die drei Kinder, wenn die Mutter bei einer Drillingsgeburt nur 19 500 € erben würde?

Bemerkung: Bei dieser Aufgabe nach Peter Apian (1495–1552) wurde zu Recht die Diskriminierung von Frauen beanstandet.

(Lösung Abschn. 23.5)

7.6 System der ISBN-Zahlen

Wie ihr wisst, hat jedes gedruckte Buch eine zehnstellige ISBN-Zahl (z. B. 3124-243-20X). Das letzte Zeichen ist die Kontrollzahl, die die Prüfsumme (PS) der ISBN-Zahl zu einem Vielfachen von 11 macht. Steht bei der Kontrollzahl ein X, so ist dies das Zeichen für 10.

Beispiele:
$$PS(3333\text{-}333\text{-}333) = 3 \cdot 10 + 3 \cdot 9 + 3 \cdot 8 + 3 \cdot 7 + 3 \cdot 6 + 3 \cdot 5 + 3 \cdot 4 + 3 \cdot 3 + 3 \cdot 2 + 3 \cdot 1 = 165$$
$$PS(3124\text{-}243\text{-}20X) = 3 \cdot 10 + 1 \cdot 9 + 2 \cdot 8 + 4 \cdot 7 + 2 \cdot 6 + 4 \cdot 5 + 3 \cdot 4 + 2 \cdot 3 + 0 \cdot 2 + 10 \cdot 1 = 143$$

a) Welche maximale Prüfsumme erreicht eine ISBN-Zahl mit der Kontrollzahl 8?
b) Gib die kleinste ISBN-Zahl mit Anfang 3401 und Kontrollziffer X an.
c) Wie lautet zur ISBN-Zahl 3527-735-208 die nächstkleinere Zahl mit gleicher Prüfsumme?

(Lösung Abschn. 23.6)

7.7 Handballturnier

Die Klassen 6a, 6b, 6c und 6d tragen ein Handballturnier aus, bei dem jede Klasse gegen jede andere genau einmal spielt. Üblicherweise erhält eine Mannschaft nur für einen Sieg drei Punkte und für ein Unentschieden einen Punkt.

a) Wie viele Punkte können alle Mannschaften zusammen bei diesem Turnier erreichen? Gib alle Möglichkeiten an.
b) Bei dem Turnier erringt die Klasse 6b sieben Punkte, 6c fünf Punkte, 6d drei Punkte und 6a einen Punkt.
   Wie lauteten die Sieger der einzelnen Spiele bzw. welche Spiele endeten unentschieden?

(Lösung Abschn. 23.7)

7.8 Der leichteste Elefant

Neun Kinder und 90 Elefanten müssen auf die Waage.

a) Neun Kinder wiegen zusammen 225 kg. Jedes Kind hat ein anderes Gewicht. Der Gewichtsunterschied von einem zum nächstschwereren Kind ist immer genau 1 Pfd. (=0,5 kg).
   Wie viele Kilogramm wiegt das leichteste bzw. das schwerste Kind?
b) 90 Elefanten wiegen zusammen 450 t. Es gibt auch hier keine gleich schweren Elefanten. Der Gewichtsunterschied von einem zum nächst schwereren Elefant ist immer 4 kg.

Welches Gewicht (in Kilogramm) bringt der leichteste bzw. der schwerste Elefant auf die Waage?

(Lösung Abschn. 23.8)

7.9   Telefonkette

Zwei Freunde A und B haben jeweils eine Neuigkeit a bzw. b. Dann genügt ein einziges Telefongespräch, damit beiden beide Neuigkeiten bekannt sind.

a) Gib an, wie vier Freunde A, B, C, D mit vier Telefongesprächen ihre Neuigkeiten a, b, c, d untereinander bekannt machen können.
b) *Zeige:* Sechs Freunde brauchen weniger als neun Telefongespräche, um ihre sechs Neuigkeiten untereinander auszutauschen.
   Wie müssen sie dabei vorgehen?

(Lösung Abschn. 23.9)

7.10   Gratisschokolade

Während einer Werbeaktion wird jeder Tafel Schokolade der Firma Schoko eine Sammelmarke beigelegt. Für jeweils acht Sammelmarken gibt es im Laden eine Tafel umsonst.

a) Wie viele Gratistafeln kann man insgesamt für 120 gekaufte Tafeln erhalten?
b) Wie viele Gratistafeln würde man erhalten, wenn man 2003 Tafeln kauft?

(Lösung Abschn. 23.10)

7.11   Pünktlich am Bahnsteig

Franziska und Elke wollen gemeinsam mit dem Zug, der um 15.03 Uhr abfährt, nach München fahren. Sie haben ausgemacht, sich fünf Minuten vor der Abfahrt am Bahnsteig zu treffen. Leider gehen ihre Uhren falsch. Franziska glaubt, dass ihre Uhr 20 min vorgeht, obwohl sie tatsächlich 5 min nachgeht. Elke nimmt dagegen an, dass ihre Uhr 10 min nachgeht. In Wirklichkeit geht ihre Uhr aber eine Viertelstunde vor.

Wann treffen Franziska und Elke jeweils am Bahnhof ein, wenn sie nach ihrer Einschätzung pünktlich sind?
   (Lösung Abschn. 23.11)

7.12 Apfelsaft

Anja und Iris möchten sich 4 l Apfelsaft teilen, den sie von einem Bauern in einem 4-l-Gefäß erhalten haben. Außer einem 2,5-l-Gefäß und einem 1,5-l-Gefäß steht ihnen sonst keine weitere Messvorrichtung zur Verfügung.

Wie gehen sie vor, wenn sie so wenig wie möglich umgießen wollen?
(Lösung Abschn. 23.12)

7.13 Güterzug

Ein Güterzug mit 30 Wagen hat eine Länge von 500 m und fährt mit konstanter Geschwindigkeit. Während der Fahrt befindet sich genau 45 s lang ein Zugteil auf einer 15 m hohen und 400 m langen Brücke. Schließlich erreicht die Lokomotive um 20.04 Uhr mit unveränderter Geschwindigkeit den Bahnhof Altdorf, welcher 6,5 km vom nächstgelegenen Ende der Brücke entfernt ist.

Wie schnell ist der Zug gefahren, und um wie viel Uhr hat er die Brücke verlassen?
(Lösung Abschn. 23.13)

7.14 Schlaue Schüler

Einige Teilnehmer am Sportfest des FüMO-Gymnasiums machen sich einen Spaß und antworten auf die Frage nach ihren Ergebnissen: „Das Produkt aus unseren Punktzahlen beträgt 11 776. Das beste Ergebnis ist gerade doppelt so groß wie das schlechteste."

Wie viele Teilnehmer haben ihre Punkte miteinander multipliziert?
(Lösung Abschn. 23.14)

7.15 Das Erbe

Der Inhaber eines Familienbetriebs ist gestorben und hinterlässt laut Testament seiner Frau ein Viertel und seiner Schwester ein Sechstel des Gesamterbes, das aus der Firma und 8 Mio. € besteht. Vom Rest erhält der Bruder halb so viel wie der Sohn, der allein die gesamte Firma und zusätzlich 300 000 € bekommt.

a) Welchen Bruchteil des Gesamterbes erhält der Sohn?
b) Welchen Wert in Euro hat die Firma?

(Lösung Abschn. 23.15)

7.16 Die Schule ist aus

Petra kommt normalerweise nach der Schule um 13.28 Uhr mit der S-Bahn an ihrem
Heimatbahnhof an. Meist wird sie dort von ihrer Mutter mit dem Auto abgeholt.
Auch heute fährt die Mutter so, dass sie rechtzeitig am Bahnhof wäre. Doch bereits
auf der Hinfahrt begegnet sie ihrer Tochter, die wegen einer ausgefallenen Stunde
eine frühere S-Bahn benutzt hat. Nach ihrer Ankunft am Bahnhof war Petra schon
eine halbe Stunde zu Fuß unterwegs. Sofort kehrt die Mutter mit der Tochter um.
Beide kommen insgesamt 10 min früher als sonst zu Hause an.

Wann kam die frühere S-Bahn an, wenn die Mutter normalerweise

a) den Bahnhof genau um 13.28 Uhr erreicht?
b) 4 min auf die Ankunft der S-Bahn wartet?

(Lösung Abschn. 23.16)

Teil II
Aufgaben der 7. und 8. Jahrgangsstufe

Kapitel 8
Der Jahreszahl verbunden

8.1   2 001 Fakultät

Der Ausdruck 2001! (gelesen 2001 Fakultät) steht für das Produkt aller natürlichen Zahlen von 1 bis 2001. Es gilt also $2001! = 1 \cdot 2 \cdot 3 \cdot \ldots \cdot 2000 \cdot 2001$.

Wie viele Ziffern Null befinden sich am Ende der Zahl $z = 2001!$?
   (Lösung Abschn. 24.1)

8.2   2 001 und 2 002

Es sei n eine gerade natürliche Zahl, d. h., es gilt $n = 2 \cdot k$ mit $k \in \mathbb{N}$.

Mit G_n bezeichnen wir die Summe aller geraden natürlichen Zahlen, die kleiner oder gleich der Zahl n sind, und mit U_n die Summe aller ungeraden Zahlen, die kleiner als n sind.

Wie müssen wir n wählen, damit die Differenz $D = G_n - U_n$ gleich 2 001 wird?

Welchen Wert nimmt dann der Quotient $Q = \frac{G_n}{U_n}$ an?
   (Lösung Abschn. 24.2)

8.3   Dritte Quersumme

Wir bezeichnen die Quersumme einer natürlichen Zahl n im Zehnersystem mit $Q(n)$. Ist diese Zahl mindestens zweistellig, können wir die Quersumme von $Q(n)$ bilden. Die Zahl $Q(Q(n))$ heißt zweite Quersumme von n. Ist die zweite Quersumme

© Springer-Verlag GmbH Deutschland, ein Teil von Springer Nature 2020
P. Jainta und L. Andrews, *Mathe ist wirklich noch viel mehr*,
https://doi.org/10.1007/978-3-662-61460-0_8

ebenfalls mindestens zweistellig, können wir wieder die Quersumme von dieser Zahl bilden. Die Zahl $Q(Q(Q(n)))$ heißt dritte Quersumme von n.

a) Welchen größten Wert kann die dritte Quersumme einer $2\,002$-stelligen Zahl annehmen?

b) Wie heißt die kleinste Zahl mit $2\,002$ Ziffern, die als dritte Quersumme den Wert 11 hat?

Hinweis: Die Quersumme einer natürlichen Zahl z ist die Summe ihrer Ziffern. (Lösung Abschn. 24.3)

8.4 Antiprimzahlbeweis

Warum folgt aus $N = 10\,000\,000\,001 = 10\,101\,010\,101 - 101\,010\,100$, dass N keine Primzahl ist?

Durch welche in ähnlicher Weise aus den Ziffern 0 und 1 aufgebaute Differenz lässt sich zeigen, dass $Z = 1\underbrace{00\ldots00}_{2\,003\text{ Nullen}}1$ keine Primzahl ist?
(Lösung Abschn. 24.4)

8.5 Gleiche Brüche

Zeige: $\dfrac{2\overbrace{666\ldots666}^{2004\text{-mal }6}4}{4\underbrace{666\ldots666}_{2004\text{-mal }6}2} = \dfrac{2\overbrace{666\ldots666}^{2005\text{-mal }6}4}{4\underbrace{666\ldots666}_{2005\text{-mal }6}2}.$

(Lösung Abschn. 24.5)

8.6 Zahlenstreichen

Die natürlichen Zahlen $1, 2, 3, \ldots, 2004$ und 2005 werden nebeneinander geschrieben. Es entsteht die Zahl

$$1234567891011\ldots20042005.$$

Von dieser Zahl werden 170 Ziffern so gestrichen, dass eine möglichst große Zahl entsteht. Die Reihenfolge der nicht gestrichenen Zahlen soll unverändert bleiben.

Welche Ziffern muss man streichen, und wie sieht die gesuchte Zahl aus?
(Lösung Abschn. 24.6)

8.7 Fast zehn Millionen

Bestimme die kleinste 2 005-stellige natürliche Zahl, die durch 9 999 999 teilbar ist.
(Lösung Abschn. 24.7)

8.8 Teilen mit Rest (1)

Wie viele natürliche Zahlen kleiner als 2 006 liefern bei Division durch 2 den Rest 1, bei Division durch 3 den Rest 2 und bei Division durch 5 den Rest 4?
(Lösung Abschn. 24.8)

8.9 Acht in 2 006

Wie heißt die kleinste 2 006-stellige natürliche Zahl, in der mindestens acht verschiedene Ziffern vorkommen und die durch 36 teilbar ist? Erkläre dabei genau, warum deine gefundene Zahl die kleinste ist.
(Lösung Abschn. 24.9)

Kapitel 9
Geschicktes Zählen

9.1 Perlenhaarbänder

Es stehen ausreichend viele Perlen in drei Farben zur Verfügung, aus denen Haarbänder hergestellt werden. Für jedes Haarband werden insgesamt fünf Perlen auf einen Gummi aufgefädelt und beide Enden des Gummis so verbunden, dass der Knoten nicht auffällt. Ein solches Haarband soll also keinen Anfang und kein Ende haben.

Wie viele verschiedene Haargummis können auf diese Weise gefertigt werden?
(Lösung Abschn. 25.1)

9.2 Dr. Eiecks Denkliegeparty

Der Mathematiker Dr. Eieck veranstaltet eine Denkliegeparty. Dazu treibt er in jede Ecke seines dreieckigen Rasenstückes einen Pflock und schlägt zusätzlich insgesamt n weitere Pflöcke am Rand und mitten auf dem Rasen ein. Innerhalb des Rasens sind k Pfosten (mit $0 \leq k \leq n$) eingesetzt. Nun befestigt er möglichst viele, nicht unbedingt gleich lange Hängematten an den Pflöcken, die sich natürlich nicht überschneiden dürfen. Außerdem stellt er in jedes Hängemattendreieck einen Stehtisch mit Papier, Schreibzeug und anregenden Getränken.

Wie viele Stehtische und wie viele Hängematten benötigt Dr. Eieck?

Hinweis: Betrachte die Situation zunächst für $n = 4$ und $k = 2$ und verallgemeinere dann auf beliebige Pflockanzahlen n und k.
(Lösung Abschn. 25.2)

© Springer-Verlag GmbH Deutschland, ein Teil von Springer Nature 2020
P. Jainta und L. Andrews, *Mathe ist wirklich noch viel mehr,*
https://doi.org/10.1007/978-3-662-61460-0_9

9.3 Schachclub

Ein Schachclub trifft sich ohne seine Jugendabteilung, die genau ein Viertel aller Mitglieder stellt, zu einem Turnier. Im Vorraum des Vereinslokals begrüßen neun Mitglieder, die gerade in den Saal hineingehen, andere Mitglieder, die gerade herauskommen. Dabei ist eine Person mehr als die Hälfte der im Saal verbliebenen Mitglieder hinausgegangen. Die neun Neuen begrüßen alle Mitglieder im Saal und setzen sich. Einer von ihnen bestellt für alle Tee. Nach kurzer Zeit bringt der Kellner 20 Gläser, da er auch mittrinken soll. Danach stellt der Vorsitzende fest, dass sich nun ein Drittel aller Turnierteilnehmer schon begrüßt hätten.

Wie viele jugendliche Mitglieder hat der Verein?
(Lösung Abschn. 25.3)

9.4 Summe 105

Auf wie viele verschiedene Arten lässt sich die Zahl 105 als Summe von zwei oder mehr aufeinanderfolgenden natürlichen Zahlen darstellen?
(Lösung Abschn. 25.4)

9.5 Ferien in Geradien

Paul fährt in den Ferien nach Geradien. Dort gibt es fünf Städte A, B, C, D und E, die durch ein Eisenbahnnetz verbunden sind. Das Netz besteht aus genau vier Strecken, von denen jeweils jede eine dieser Städte mit einer anderen verbindet. Es kann dabei vorkommen, dass sich zwei Strecken mit Hilfe einer Brücke kreuzen.
Wie viele verschiedene Eisenbahnnetze könnte es in Geradien geben?
(Lösung Abschn. 25.5)

Kapitel 10
Zahlentheorie

10.1 Zahlenanzahl

Wie viele Zahlen kleiner als zehn Billionen gibt es, die nur aus den Ziffern 0 und 1
bestehen und durch 225 teilbar sind ?
(Lösung Abschn. 26.1)

10.2 Teilen mit Rest (2)

Bestimme alle natürlichen Zahlen n, die bei der Division durch 3 den Rest 2, bei der
Division durch 5 den Rest 3 und bei der Division durch 7 den Rest 4 liefern!
(Lösung Abschn. 26.2)

10.3 Besondere Quadratzahlen

Wir betrachten die Zahlen 4, 34, 334, 3334, 33 334 usw. Dabei entsteht die nächste
Zahl immer dadurch, dass man der vorhergehenden Zahl die Ziffer 3 voranstellt. Die
Zahlen sollen nun jeweils quadriert werden.

Welche besondere Zifferndarstellung haben die Ergebnisse? Begründe deine Vermu-
tung!
(Lösung Abschn. 26.3)

10.4 Zentel und Elftel

Wie viele Lösungen hat die folgende Gleichung?
$\left\lfloor \frac{x}{10} \right\rfloor - \left\lfloor \frac{x}{11} \right\rfloor = 1; \; x \in \mathbb{N}_0$

© Springer-Verlag GmbH Deutschland, ein Teil von Springer Nature 2020
P. Jainta und L. Andrews, *Mathe ist wirklich noch viel mehr,*
https://doi.org/10.1007/978-3-662-61460-0_10

Dabei bedeutet für eine reelle Zahl z der Ausdruck $\lfloor z \rfloor$ die größte ganze Zahl, die kleiner oder gleich z ist.

Beispiele: $\lfloor 3,4 \rfloor = 3$, $\lfloor 4,7 \rfloor = 4$, $\lfloor 17 \rfloor = 17$, $\lfloor -1,2 \rfloor = -2$
(Lösung Abschn. 26.4)

10.5 Primzahlzwillinge

Die Zahlen p und q sind ein Primzahlzwillingspaar, d. h. zwei Primzahlen, die sich um genau 2 unterscheiden, mit $3 < p < q$.

Zeige: Das arithmetische Mittel dieser beiden Primzahlen $m = \frac{p+q}{2}$ ist durch 6 und das um 1 vermehrte Produkt $p \cdot q + 1$ dieser beiden Primzahlzwillinge ist durch 36 teilbar.
(Lösung Abschn. 26.5)

10.6 Quersummen

Gegeben ist eine unendliche Folge von Zahlen:
$\quad a_1 = 146\,890 + 1 \cdot 2\,357;\ a_2 = 146\,890 + 2 \cdot 2\,357;\ \dots$
$\quad a_n = 146\,890 + n \cdot 2\,357;\ \dots$ mit $n \in \mathbb{N}$

a) Welche Nummer hat das größte Folgenglied, das gerade noch kleiner ist als 10 000 000?
b) Warum gibt es in der Folge unendlich viele Zahlen mit gleicher Quersumme?
c) Begründe, warum es unter den ersten 55 Zahlen dieser Folge mindestens zwei mit der gleichen Quersumme geben muss, ohne diese Zahlen zu berechnen!

(Lösung Abschn. 26.6)

10.7 Fünf Quadrate

Beweise: Die Summe der Quadrate von fünf aufeinanderfolgenden natürlichen Zahlen kann keine Quadratzahl sein.
(Lösung Abschn. 26.7)

10.8 Beweis durch Binomi

Beweise: Für alle reelle Zahlen $a, b, c > 0$ gilt:

$$\frac{1}{a} + \frac{1}{b} + \frac{1}{c} \geq \frac{9}{a+b+c}$$

Tipp: Benutze binomische Formeln.
(Lösung Abschn. 26.8)

10.9 *ABBA*

Zeige: Eine vierstellige oder sechsstellige Zahl, die aus zwei verschiedenen Ziffern besteht, welche gleich oft vorkommen, kann keine Primzahl sein.
(Lösung Abschn. 26.9)

10.10 Endziffer

Bestimme die Endziffer der Zahl $Z = 2002^{2003} \cdot 2003^{2002}$.
(Lösung Abschn. 26.10)

10.11 Zahlendrachen

Eine Menge von n aufeinanderfolgenden, aufsteigenden natürlichen Zahlen, heißt n-Drachen, wenn gilt:

1) Die beiden ersten Drittel der Zahlenmenge bilden den Schwanz des Drachens.
2) Das letzte Drittel bildet den Kopf.
3) Die Summen der Zahlen im Schwanz und im Kopf sind gleich groß.

Beispiel: Die neun aufeinanderfolgenden Zahlen 2, 3, 4, 5, 6, 7, 8, 9 und 10 bilden den 9-Drachen. Der Schwanz besteht aus den sechs Zahlen 2, 3, 4, 5, 6, 7 mit der Summe 27. Die drei Zahlen 8, 9, 10 bilden den Kopf und haben auch die Summe 27.

a) Gib den 21-Drachen an und zeige, dass er die drei Bedingungen erfüllt.
b) Warum kann es keinen 24-Drachen geben?
c) Welche Summe hat der Schwanz des 99 999-Drachens?

(Lösung Abschn. 26.11)

10.12   Größter gemeinsamer Teiler

Eine Summe von 49 positiven ganzen Zahlen hat den Wert 999. Die Zahl d ist der größte gemeinsame Teiler aller Summanden.

Bestimme den größten Wert, den d haben kann, und gib eine mögliche Summe an.
(Lösung Abschn. 26.12)

10.13   Gleichungen mit Lücken

Ergänze ◇ jeweils so, dass nach der gleichen Gesetzmäßigkeit gebildete Gleichungen entstehen.

a) $\frac{3}{4} \cdot \frac{8}{9} \cdot \frac{15}{16} \cdot \frac{\diamond}{\diamond} - \frac{1}{2} = \frac{1}{10}$

b) $\frac{3}{4} \cdot \frac{8}{9} \cdot \frac{15}{16} \cdot \frac{\diamond}{\diamond} \cdot \frac{\diamond}{\diamond} - \frac{1}{2} = \frac{\diamond}{\diamond}$

c) $\frac{3}{4} \cdot \frac{8}{9} \cdot \frac{15}{16} \cdot \frac{\diamond}{\diamond} \cdot \ldots \cdot \frac{\diamond}{\diamond} - \frac{1}{2} = \frac{1}{16}$

d) $\frac{3}{4} \cdot \frac{8}{9} \cdot \frac{15}{16} \cdot \frac{\diamond}{\diamond} \cdot \frac{\diamond}{\diamond} \cdot \frac{\diamond}{\diamond} \cdot \frac{\diamond}{\diamond} - \frac{1}{2} = \frac{\diamond}{\diamond}$

e) $\frac{3}{4} \cdot \frac{8}{9} \cdot \frac{15}{16} \cdot \frac{\diamond}{\diamond} \cdot \ldots \cdot \frac{\diamond}{\diamond} - \frac{1}{2} = \frac{1}{100}$

(Lösung Abschn. 26.13)

10.14   Pauls Quersumme

Paul möchte wissen, wie groß die Summe der Quersummen aller natürlichen Zahlen von 1 bis 1 000 ist.

Ermittle den Summenwert und erkläre, wie du vorgegangen bist.

Hinweis: Die Quersumme einer natürlichen Zahl ist die Summe ihrer Ziffern.
(Lösung Abschn. 26.14)

Kapitel 11
Winkel, Seiten und Flächen

11.1 Winkelhalbierende

Konstruiere die Winkelhalbierende w des Schnittwinkels zweier Geraden g_1 und g_2, wenn der Schnittpunkt der beiden Geraden nicht zugänglich ist! Begründe deine Konstruktion!
(Lösung Abschn. 27.1)

11.2 Zirkus

Das Viereck *ZIRK* ist ein Quadrat.

Die Dreiecke *KRU* und *ZSK* sind gleichseitig (Abb. 11.1).

Zeige: Der Punkt S liegt auf der Geraden UI.
(Lösung Abschn. 27.2)

11.3 Winkelberechnung

Wir beziehen uns auf Abb. 11.2.

Auf der Mittelsenkrechten m der Strecke $\overline{AB}$ werde ein Punkt C_0 oberhalb von $\overline{AB}$ gewählt. Der Kreis um C_0, der den Punkt A enthält, schneidet die Mittelsenkrechte oberhalb von $\overline{AB}$ im Punkt C_1. Der Kreis um den Punkt C_1 durch den Punkt A schneidet die Mittelsenkrechte m oberhalb von $\overline{AB}$ im Punkt C_2.

Für welche Winkel γ_2 ist das Dreieck ABC_0

© Springer-Verlag GmbH Deutschland, ein Teil von Springer Nature 2020
P. Jainta und L. Andrews, *Mathe ist wirklich noch viel mehr*,
https://doi.org/10.1007/978-3-662-61460-0_11

Abb. 11.1 Zirkus

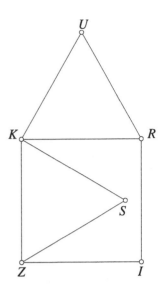

a) gleichseitig?
b) gleichschenklig-rechtwinklig?
c) stumpfwinklig mit Winkel $|\sphericalangle AC_0 B| = 120°$?

Begründe deine Antworten.
    (Lösung Abschn. 27.3)

11.4 Lena und Kurt

Das Viereck $LENA$ sei ein Parallelogramm, aber keine Raute.

Die Innenwinkel von $LENA$ heißen λ, ε, ν und α.

Die Winkelhalbierenden w_λ und w_ε schneiden sich im Punkt T, w_ε und w_ν im Punkt R, w_ν und w_α im Punkt U und w_α und w_λ im Punkt K.

a) Von welcher Art ist das Viereck $KURT$?
b) Unter welchen Voraussetzungen liegen zusätzlich zwei gegenüberliegende Ecken des Vierecks $KURT$ auf den Seiten des Parallelogramms $LENA$?
c) Unter welchen Voraussetzungen ist das Viereck $KURT$ ein Quadrat?

(Lösung Abschn. 27.4)

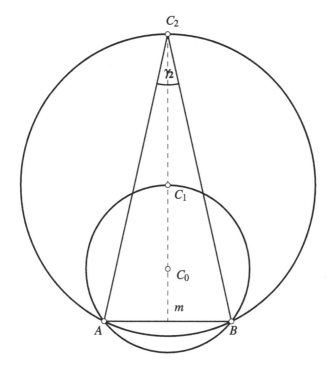

Abb. 11.2 Winkelberechnung

11.5 Gleichschenkligkeit im Doppelkreis

Der Mittelpunkt M_1 des Kreises k_1 liegt auf dem Kreis k_2 und umgekehrt. Sei S der Schnittpunkt der Kreise k_1 und k_2 oberhalb der Geraden $M_1 M_2$. Sei P ein beliebiger Punkt auf dem Kreis k_2 oberhalb der Geraden $M_1 M_2$ und rechts von S. Die Gerade PS schneidet den Kreis k_1 in den Punkten S und Q. Die Gerade PM_2 schneidet den Kreis k_1 in den Punkten M_2 und R (Abb. 11.3).

Zeige: Das Dreieck PQR ist gleichschenklig.
  (Lösung Abschn. 27.5)

11.6 Parallel?

In einem Dreieck ABC gilt $|\sphericalangle ACB| = 72°$.

D ist der Schnittpunkt von AC mit dem Kreis um C und Radius $r = |CB|$, der nicht auf $[CA$ liegt. Die Winkelhalbierende des Winkels $\sphericalangle BCA$ ist w_γ.

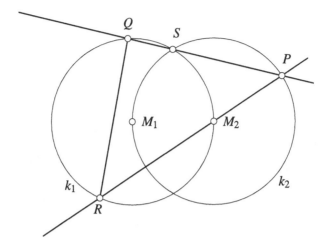

Abb. 11.3 Gleichschenkligkeit im Doppelkreis

a) *Zeige:* $BD \parallel w_\gamma$
b) Wie groß ist der Winkel $\sphericalangle\, DBA$, falls das Dreieck ABC gleichschenklig mit der Basis $\overline{AB}$ ist?

(Lösung Abschn. 27.6)

11.7 Winkel im Dreieck

Im spitzwinkligen Dreieck ABC ist H_a Höhenfußpunkt der Höhe h_a, H_b Höhenfußpunkt der Höhe h_b und M_c Mittelpunkt der Seite $\overline{AB}$. Wie üblich bezeichnet γ den Innenwinkel an der Ecke C. Mit ε wird der Winkel $\sphericalangle\, H_a M_c H_b$ bezeichnet.

Beweise: $\varepsilon = 180° - 2\gamma$.
(Lösung Abschn. 27.7)

11.8 Origami

Die Seitenmitten eines gegebenen Quadrats $ABCD$ legen ein Quadrat $EGIL$ fest.

Wie können wir durch Falten das Quadrat $ABCD$ in ein reguläres Achteck $EFGHIKLM$ verwandeln?

Hinweis: In einem regulären Vieleck sind alle Seiten gleich lang und alle Winkel gleich groß.
(Lösung Abschn. 27.8)

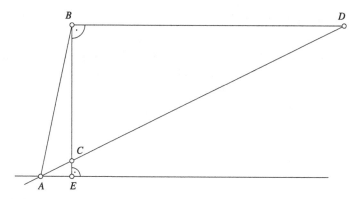

Abb. 11.4 Winkelzusammenhang

11.9 Winkelzusammenhang

In Abb. 11.4 gilt:

$$AE \parallel BD, \ BE \perp AE \text{ und } |CD| = 2 \cdot |AB|$$

Welcher Zusammenhang besteht zwischen den Winkeln $\sphericalangle EAD$ und $\sphericalangle DAB$?
(Lösung Abschn. 27.9)

11.10 Schnittwinkel im 15-Eck

Welche Winkelwerte treten als Schnittwinkel zwischen den längsten Diagonalen eines regulären 15-Ecks auf?

Hinweis: Ein Vieleck heißt regulär, wenn alle Seiten gleich lang und alle Innenwinkel gleich groß sind.
(Lösung Abschn. 27.10)

11.11 Berührpunkte

Vier verschieden große Münzen berühren sich.

Zeige: Es gibt einen Kreis, auf dem alle Berührpunkte liegen.
(Lösung Abschn. 27.11)

11.12   Verschiedene Dreiecke

Gegeben ist eine Strecke $\overline{AB}$ und ein Punkt C, der nicht auf der Geraden AB liegt. Wo muss der Punkt C liegen, damit das Dreieck ABC spitzwinklig, rechtwinklig, stumpfwinklig, gleichschenklig oder gleichseitig ist?
(Lösung Abschn. 27.12)

11.13   Zwölfzack

Auf einem Kreis sind zwölf Punkte gleichmäßig verteilt. Wir starten an einem Punkt, zählen im Uhrzeigersinn um genau fünf Punkte weiter und verbinden geradlinig beide Punkte. Das Verfahren setzen wir in gleicher Weise fort, bis wir wieder den Startpunkt erreichen. Es entsteht ein zwölfzackiger Stern.

Welchen Summenwert haben die Winkel an den Zacken des Sterns?
(Lösung Abschn. 27.13)

11.14   Rechteck = Quadrat?

Ein Rechteck mit den Seitenlängen 9 und 16 soll so in zwei Teile zerlegt werden, dass man die beiden Teile zu einem Quadrat zusammensetzen kann.

Gib eine derartige Zerlegung an. Finde zwei weitere Rechtecke mit einem anderen Seitenverhältnis, die sich in ähnlicher Weise in Quadrate umwandeln lassen.
(Lösung Abschn. 27.14)

11.15   Teilung eines Dreiecks

In einem gleichseitigen Dreieck ABC werden von einem beliebigen Punkt P im Inneren des Dreiecks Lote auf die Dreiecksseiten gefällt. Die Lotfußpunkte heißen D, E und F. Verbindet man P mit den Dreiecksecken, wird das Dreieck ABC in sechs Teildreiecke zerlegt (Abb. 11.5).

Zeige: Die drei grauen Dreiecke sind zusammen genauso groß wie die drei weißen.
(Lösung Abschn. 27.15)

Abb. 11.5 Teilung eines
Dreiecks

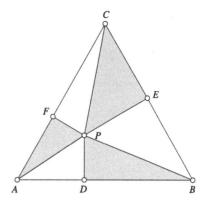

11.16 Achteck ohne Grenzen

Das Achteck in Abb. 11.6 hat einen Flächeninhalt von sieben Kästchen. Die Seiten haben abwechselnd die Länge a und b. Jede Seite a wird nun im Uhrzeigersinn auf das 2005-Fache und jede Seite b ebenfalls im Uhrzeigersinn auf das 2006-Fache verlängert. Die Endpunkte der Verlängerungen legen ein neues Achteck fest.

Welchen Flächeninhalt hat das neue Achteck?
  (Lösung Abschn. 27.16)

Abb. 11.6 Achteck ohne
Grenzen

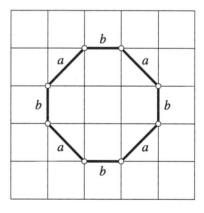

Abb. 11.7 Wie *ALT* ist das
Dreieck?

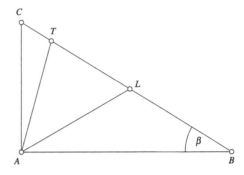

11.17   Wie *ALT* ist das Dreieck?

Das Dreieck *ABC* hat bei *A* einen rechten Winkel. Die Punkte *T* und *L* liegen so,
dass $|CA| = |CL|$ und $|BA| = |BT|$ gilt (Abb. 11.7).

Wie groß muss der Winkel β sein, damit das Dreieck *ALT* gleichschenklig ist?
   (Lösung Abschn. 27.17)

11.18   Achteck im Quadrat

Über jeder Seite eines Quadrats wird ein gleichseitiges Dreieck in das Innere des
Quadrats konstruiert. Die acht nach innen gezogenen Dreiecksseiten umschließen
ein Achteck, das in jedem der vier Dreiecke enthalten ist.

Welche Innenwinkel besitzt dieses Achteck?
   (Lösung Abschn. 27.18)

Kapitel 12
Geometrische Algebra

12.1 Diagonale mit Eckpunkten

Untersuche, ob es n-Ecke mit einer der folgenden Eigenschaften gibt!

a) Die Anzahl d der Diagonalen des n-Ecks ist dreimal so groß wie die Anzahl n seiner Eckpunkte.

b) Die Anzahl n seiner Eckpunkte ist dreimal so groß wie die Anzahl d seiner Diagonalen.

(Lösung Abschn. 28.1)

12.2 Monsterwürfel

Aus einem Würfel werden an den acht Ecken jeweils zweimal ein 1-cm-Würfel, ein 2-cm-Würfel, ein 3-cm-Würfel und ein 4-cm-Würfel herausgeschnitten. Das Volumen des Restkörpers beträgt 80 % des Volumens des anfänglichen Würfels.

a) Wie groß war die Kantenlänge des ursprünglichen Würfels?
b) Zeichne das Bild eines möglichen Restkörpers.

Hinweis: Ein 1-cm-Würfel ist ein Würfel mit der Kantenlänge 1 cm.
    (Lösung Abschn. 28.2)

12.3 Der Mathefloh

Ein Mathefloh hüpft auf der Zahlengeraden herum. Er springt von einer beliebigen rationalen Zahl $a \neq 1$ los. Dabei darf er aber nur auf solchen rationalen Zahlen $b \neq 0$ landen, welche die Sprungbedingung $a + \frac{1}{b} = 1$ erfüllen.

© Springer-Verlag GmbH Deutschland, ein Teil von Springer Nature 2020
P. Jainta und L. Andrews, *Mathe ist wirklich noch viel mehr,*
https://doi.org/10.1007/978-3-662-61460-0_12

Zeige: Der Floh kehrt stets nach gleich vielen Sprüngen zu seinem Ausgangspunkt zurück.

(Lösung Abschn. 28.3)

12.4   Der Quadratschneider

Wenn man auf kariertem Papier ein Rechteck so zeichnet, dass die Seiten auf den Gitterlinien liegen, dann durchquert jede der beiden Diagonalen des Rechtecks einige Gitterquadrate. Dabei soll unter „Durchqueren" der Fall verstanden werden, dass ein innerer Punkt und nicht nur ein Eckpunkt des Gitterquadrats auf der Diagonalen liegt. Das gegebene Rechteck ist p Gitterquadrate lang und q Gitterquadrate breit. Wie viele Gitterquadrate werden von einer Diagonalen jeweils durchquert für

a) $p = 5$ und $q = 3$,
b) $p = 15$ und $q = 9$ bzw.
c) $p, q \in \mathbb{N}$?

(Lösung Abschn. 28.4)

12.5   Peters Karton

a) Peter hat sich aus Karton ein reguläres Achteck mit einem grauen Mittelstreifen ausgeschnitten und dieses dann in mehrere Teile zerschnitten. Beim Zusammensetzen stellt er fest, dass er damit auch das rechte Achteck legen kann (Abb. 12.1). Wie könnte er das ursprüngliche Achteck zerschnitten haben?
b) Geometrisch zeigt Peters Puzzle, dass im regulären Achteck der graue Mittelstreifen ebenso groß ist wie zwei Trapezflächen zusammen, also genau die Hälfte der ganzen Achteckfläche einnimmt.
   Finde heraus, welchen Flächeninhalt ein solcher Mittelstreifen im regulären Sechseck, Zehneck und allgemein in einem regulären Vieleck mit gerader Eckenzahl besitzt.

(Lösung Abschn. 28.5)

12.6   Eine Menge Gitterpunkte

Wir betrachten alle Gitterpunkte mit ganzzahligen Koordinaten, bei denen die Summe der Beträge ihrer Koordinaten kleiner oder gleich einer gegebenen natürlichen Zahl n ist. Diese Punkte bilden die Menge M_n.

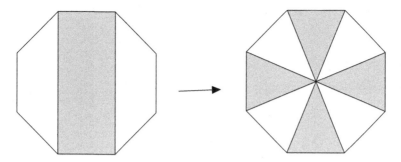

Abb. 12.1 Peters Karton

Für welche natürlichen Zahlen n enthält die Menge M_n mindestens 2006 Punkte?
(Lösung Abschn. 28.6)

Kapitel 13
Besondere Zahlen

.

13.1 Palindrom

Eine Zahl heißt Palindrom, wenn sie von vorn und von hinten gelesen den gleichen Wert hat.

Zeige: Alle Palindrome mit zwei, vier, sechs oder acht Stellen haben einen gemeinsamen Teiler größer als 1.
(Lösung Abschn. 29.1)

13.2 2000 Nullen

Kann die Zahl $n = 10.101\ldots101$ mit insgesamt 2000 einzelnen Nullen zwischen je zwei Einsen eine Quadratzahl sein? Begründe deine Aussage.

Tipp: Teilbarkeitsregeln
(Lösung Abschn. 29.2)

13.3 Drei in Eins

Gib mit Begründung die kleinste Zahl an, deren Ziffern ausschließlich aus Einsen bestehen und die ohne Rest durch 33.333.333.333 teilbar ist.
(Lösung Abschn. 29.3)

© Springer-Verlag GmbH Deutschland, ein Teil von Springer Nature 2020
P. Jainta und L. Andrews, *Mathe ist wirklich noch viel mehr,*
https://doi.org/10.1007/978-3-662-61460-0_13

13.4 67^2 im Kopf?

Paul hat die unten stehende Methode für das Quadrieren von Zahlen entdeckt.

a) Berechne auf dieselbe Weise $59^2, 82^2$ und 19^2. Erkläre, warum dieses Rechenverfahren funktioniert.

$$
\begin{array}{|r|}
\hline
67^2 \\
\hline
42 \\
3649 \\
42 \\
\hline
4489 \\
\hline
\end{array}
$$

b) Finde ein entsprechendes Verfahren für das Quadrieren von dreistelligen Zahlen.

(Lösung Abschn. 29.4)

Kapitel 14
Noch mehr zum Tüfteln

14.1 Gefleckte Quadrate

36 Quadrate der Kantenlänge 1 cm sind in sechs Reihen und sechs Spalten angeordnet. Jedes Quadrat ist entweder weiß oder schwarz gefärbt. Die Mittelpunkte je zweier schwarzer Quadrate müssen einen Abstand von mehr als 2 cm haben.

Das Beispiel (Abb. 14.1) zeigt eine Anordnung mit siebenschwarzen Quadraten.

a) Finde eine Anordnung mit acht schwarzen Quadraten.
b) *Beweise:* Es gibt keine Anordnung mit neun schwarzen Quadraten.

(Lösung Abschn. 30.1)

14.2 Zehn Jahre FüMO

Als FüMO zehn Jahre alt wurde, stellten wir das folgendes Buchstabenrätsel:

Abb. 14.1 Gefleckte
Quadrate

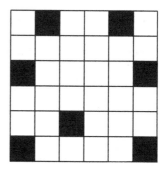

© Springer-Verlag GmbH Deutschland, ein Teil von Springer Nature 2020
P. Jainta und L. Andrews, *Mathe ist wirklich noch viel mehr,*
https://doi.org/10.1007/978-3-662-61460-0_14

$$
\begin{array}{r}
\text{Z E H N} \\
- \quad \text{M A L} \\
\hline
\text{F Ü M O}
\end{array}
$$

Jeder Buchstabe steht für eine bestimmte Ziffer. Verschiedene Buchstaben stehen für verschiedene Ziffern. Außerdem ist bekannt, dass die Zahl ZEHN die Quersumme 10, die Zahl MAL die Quersumme 13 und die Zahl FÜMO die Quersumme 24 hat. Zeige, dass es genau eine Lösung gibt und gib diese an.
(Lösung Abschn. 30.2)

14.3 Symmetrische Legemuster

Ein quadratisches Spielfeld ist in 5 × 5 quadratische Legefelder eingeteilt. Dazu hat man 25 passende quadratische, einfarbige Legeblättchen in verschiedenen Farben. Alle Blättchen sollen so auf das Spielfeld gelegt werden, dass das entstehende Farbmuster symmetrisch zu einer Diagonalen des Spielfeldes ist.

a) Wie viele Farben darf man höchstens verwenden, damit bei einer beliebigen Verteilung der Farben auf die Plättchen immer ein symmetrisches Muster gelegt werden kann?
b) Wie viele Farben müssen es mindestens sein, damit es auf keinen Fall mehr möglich ist, ein solches diagonalsymmetrisches Farbmuster zu legen?

(Lösung Abschn. 30.3)

14.4 Mobile

Moritz entwirft ein Mobile aus Stäben, Kreisen, Rechtecken und Dreiecken. Die Stäbe und die anderen Gegenstände sind wie in Abb. 14.2 angeordnet. Die Fäden sind jeweils in der Mitte der Stäbe befestigt.

Welche Gegenstände können das Fragezeichen ersetzen? Gib alle Möglichkeiten an.

Hinweis: Das Gewicht der Stäbe muss dabei berücksichtigt werden, nicht aber das der Fäden.
(Lösung Abschn. 30.4)

Abb. 14.2 Mobile

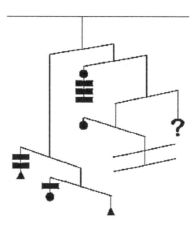

Abb. 14.3 Kalenderblatt

So	Mo	Di	Mi	Do	Fr	Sa
		1	2	3	4	
5	6	7	8	9	10	11
12	13	14	15	16	17	18
19	20	21	22	23	24	25
26	27	28	29	30	31	

14.5 Kalenderblatt

Im Kalenderblatt vom Oktober 2003 wurde ein 3×3-Feld wie in Abb. 14.3 markiert.

a) Wenn wir die kleinste Zahl in diesem Feld um 8 vergrößern und das Ergebnis mit
9 multiplizieren, so erhalten wir genau die Summe aller Zahlen in dem Feld.
Zeige: Dies gilt für jedes beliebige vollständige 3×3-Feld.
b) Finde einen ähnlichen Zusammenhang für 4×4-Felder.

(Lösung Abschn. 30.5)

14.6 Olympische Ringe

a) In die neun Felder der olympischen Ringe (Abb. 14.4 links), sollen die Zahlen
von 1 bis 9 (jede genau ein Mal) so eingetragen werden, dass sich in allen Kreisen
die gleiche, aber möglichst kleine Zahlensumme ergibt.

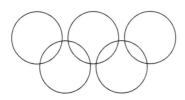 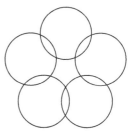

Abb. 14.4 Olympische Ringe

b) Nun werde die Anordnung geschlossen (Abb. 14.4 rechts). In die zehn Teilfelder
der Kreise sollen jetzt die Zahlen 1 bis 10, und zwar jede genau ein Mal, eingetragen werden. Alle Kreise sollen die gleiche, möglichst kleine Zahlensumme
erhalten.

(Lösung Abschn. 30.6)

14.7   Teilerglücksrad

Peter und Paul spielen ein Teilerspiel. Sie ermitteln mit einem Glücksrad, das jede
der Zahlen von 2 bis 10 genau ein Mal enthält, eine Zahl, die Teiler einer vierstelligen
Lösungszahl sein soll. Dann schreiben sie abwechselnd, nicht notwendig verschiedene Ziffern in ein beliebiges Kästchen ihres Spielfeldes. An der Tausenderstelle
darf keine Null stehen. Wer durch seinen Eintrag erreichen kann, dass die vierstellige Zahl durch die mit dem Glücksrad ermittelte Zahl teilbar ist, hat gewonnen. Peter
soll immer beginnen.

Haben Peter und Paul bei optimaler Spielstrategie gleiche Gewinnchancen?

Bemerkung: Zu einer optimalen Spielstrategie gehört, den Sieg des Gegners zu verhindern.

(Lösung Abschn. 30.7)

14.8   Rudi rät

Alfred, Bertram, Christine und Eike machen über dieselbe Zahl n jeweils drei Aussagen, von denen mindestens eine richtig und eine falsch ist.

Alfred:

(1) n ist eine Primzahl.
(2) n ist durch 7 teilbar.
(3) n ist kleiner als 20.

Bertram:

(1) n ist durch 9 teilbar.
(2) n ist durch 4 teilbar.
(3) Das Elffache von n ist kleiner als 1 000.

Christine:

(1) n ist durch 10 teilbar.
(2) n ist größer als 100.
(3) Das Zwölffache von n ist größer als 1 000.

Eike:

(1) n ist nicht durch 7 teilbar.
(2) n ist kleiner als 12.
(3) Das Fünffache von n ist kleiner als 70.

Rudi kann aus diesen Angaben die Zahl n eindeutig bestimmen.
   Wie heißt die Zahl?
   (Lösung Abschn. 30.8)

Kapitel 15
Probleme des Alltags

15.1 Begegnung

In A-Stadt fährt um 9.40 Uhr ein Auto ab und kommt um 12.30 Uhr in B-Dorf an. Es fährt um 13.10 Uhr mit der gleichen Geschwindigkeit wie auf dem Hinweg wieder in B-Dorf ab und nach A-Stadt zurück. Das Auto begegnet um 14.00 Uhr einem zweiten, das um 12.20 Uhr in A-Stadt abgefahren ist. Das zweite Auto fährt mit gleichbleibender Geschwindigkeit 96 km in der Stunde.

Wie groß ist die Entfernung der beiden Orte, und wie schnell ist das erste Auto?
(Lösung Abschn. 31.1)

15.2 Zwetschgen, Zwetschgen, Zwetschgen

Mutter weiß, dass ihre vier Kinder Anna, Bernd, Carolin und Dieter gerne Zwetschgen essen. Sie stellt deshalb eine Schüssel mit schönen reifen Zwetschgen auf den Tisch und schreibt dazu, dass sich die Kinder Zwetschgen nehmen dürfen. Anna kommt als Erste nach Hause. Sie nimmt sich ein Viertel der Zwetschgen und legt eine wieder zurück. Dann kommt Bernd, nimmt sich zunächst den vierten Teil des Restes und legt dann zwei zurück, damit die Zwetschgenanzahl wieder durch vier teilbar ist. Dann kommt Carolin heim und nimmt sich ein Viertel der vorgefundenen Zwetschgen. Zuletzt kommt Dieter. Er nimmt sich drei Zwetschgen und dann den vierten Teil der in der Schüssel verbliebenen Zwetschgen. Die Mutter stellt anschließend fest, dass noch 36 Früchte übrig sind.

Wie viele Zwetschgen waren anfangs in der Schüssel? Wie viele haben die einzelnen Kinder gegessen?
(Lösung Abschn. 31.2)

© Springer-Verlag GmbH Deutschland, ein Teil von Springer Nature 2020
P. Jainta und L. Andrews, *Mathe ist wirklich noch viel mehr,*
https://doi.org/10.1007/978-3-662-61460-0_15

15.3   Bewässerung

Nach dem Ausfall der automatischen Bewässerungsanlage müsste ein Gärtnermeister zum Begießen seiner Blumenbeete mit einer Gießkanne von $19\frac{1}{2}$ l Inhalt 86-mal zum Brunnen gehen. Nachdem er 24-mal diesen Weg gemacht hat, kommt ihm sein Geselle mit zwei Gießkannen von 10 l und 12 l Inhalt zu Hilfe.

Wie oft muss jeder der beiden insgesamt laufen, wenn der Geselle 1, 5-mal so schnell geht wie der Meister?
     (Lösung Abschn. 31.3)

15.4   Inflation in FüMO-Land

In FüMO-Land gibt es einen Laden, der sieben verschiedene Artikel führt. Zu Anfang des Jahres kosten alle Artikel gleich viel. Da in FüMO-Land starke Inflation herrscht, wird der Preis jedes Artikels zu Beginn eines Monats entweder verdreifacht oder verfünffacht. Nach gut einem Jahr kosten alle Artikel unterschiedlich viel.

Beweise: Der teuerste Artikel kostet nun mehr als 21-mal so viel wie der billigste.
     (Lösung Abschn. 31.4)

15.5   Umschütten

Anna besitzt ein volles 12-l-Gefäß, zusätzlich ein leeres 5-l- und ein leeres 8-l-Gefäß. Kann Anna allein durch (verlustfreies) Umschütten der Flüssigkeit unter ausschließlicher Verwendung ihrer drei Gefäße alle ganzzahligen Werte des Rauminhalts von 1 l bis 12 l erzeugen?

Kannst du ihr helfen? Versuche mit möglichst wenig Umschüttschritten auszukommen!

Bei welcher Vorgabe der Rauminhalte der beiden kleineren leeren Gefäße lässt sich das Volumen 1 l nicht erzeugen? Gib ein Beispiel mit Begründung an!
     (Lösung Abschn. 31.5)

15.6 Aus Trauben werden Rosinen

Trauben enthalten neben Fruchtfleisch noch 85 % Wasser. Nach fünf Tagen intensiver Sonnenbestrahlung sinkt der Wasseranteil auf 70 %. Bei einem Wasseranteil von 20 % sind aus den Trauben Rosinen geworden.

a) Wie viel wiegt eine Traubenmenge mit einem Erntegewicht von 125 kg nach fünf Tagen?
b) Welche Traubenmenge wird für 3, 0 kg Rosinen benötigt?

(Lösung Abschn. 31.6)

15.7 Klassenwechsel

Die Klasse 8a hat mehr Mädchen als Jungen, in der Klasse 8b sitzen dagegen mehr Jungen als Mädchen. Ein Mädchen und ein Junge wechseln von der 8a in die 8b.

Untersuche für beide Klassen, ob der Mädchenanteil durch den Wechsel größer oder kleiner geworden ist.
(Lösung Abschn. 31.7)

15.8 Das Tulpenfeld

Gärtner Grün kauft 66 rote und 210 gelbe Tulpenzwiebeln für ein rechteckiges Frühlingsbeet. Er steckt sie im empfohlenen Abstand von 15 cm so, dass alle roten Tulpen 5 cm vom Rand entfernt und alle gelben Tulpen im Inneren stehen (Tab. 15.1).

Wie groß ist das Beet?
(Lösung Abschn. 31.8)

Tab. 15.1 Das Tulpenfeld

Rot	Rot	Rot	Rot	. . .	Rot
Rot	Gelb	Gelb	. . .	. . .	Rot
Rot	Gelb	. . .	. . .	. . .	. . .
Rot	. . .	. . .	. . .	. . .	. . .
. . .	. . .	. . .	. . .	. . .	. . .
Rot	Rot	. . .	. . .	. . .	Rot

15.9   Zenzi und Anton

Anton und Zenzi wohnen in einer Straße, deren Straßenlaternen in gleichem Abstand stehen und fortlaufend nummeriert sind. Gehen Anton und Zenzi von ihrer jeweiligen Wohnung aus gleich schnell aufeinander zu, so treffen sie sich an der 51. Laterne. Geht Anton doppelt so schnell wie Zenzi, so treffen sie sich an der 46. Laterne.

Welche Nummer hat die Laterne vor Antons bzw. Zenzis Wohnung?
   (Lösung Abschn. 31.9)

15.10   Handballturnier

Sieben Mannschaften tragen ein Handballturnier aus, bei dem jede gegen jede spielt. Jede Mannschaft erhält bei einem Sieg zwei Punkte, bei einem Unentschieden einen Punkt und bei einer Niederlage keinen Punkt. Nach dem Turnier steht die Reihenfolge der Gewinner eindeutig fest, denn alle Mannschaften haben unterschiedliche Gesamtpunktzahlen erzielt. Mehr als zwei Spiele sind unentschieden ausgegangen, und die Siegermannschaft hat so viele Punkte erreicht wie die vier letzten Mannschaften zusammen.

Können wir mit diesen Informationen feststellen, wie die Spiele des Zweiten gegen den Vierten und des Fünften gegen den Sechsten ausgegangen sind?

Tipp: Überlege, wie viele Punkte die letzten vier Mannschaften auf jeden Fall zusammen haben müssen!
   (Lösung Abschn. 31.10)

Kapitel 16
... mal was ganz anderes

16.1 Schneckentempo

Am Anfang eines genau 10 m langen Gummibandes sitzt eine Schnecke, die über das Band kriechen möchte. Sie legt während eines Tages genau 5 m zurück; das entspricht der Hälfte der Anfangslänge des Bandes. Nachts muss die Schnecke sich dann ausruhen. In der Nacht wird das Band, ohne dass es die Schnecke bemerkt, jeweils gleichmäßig um genau 10 m weiter gedehnt.

Am wievielten Tag gelangt die Schnecke ans Ende des Bandes? Welchen Weg hat die Schnecke dann zurückgelegt?
  (Lösung Abschn. 32.1)

16.2 Fuchsjagd

Bernd beschreibt die Jagd eines Hundes auf einen Fuchs folgendermaßen: Jeweils in der Zeit, in der der Fuchs neunmal springt, hüpft der Hund nur sechsmal. Jedoch legt der Hund mit vier Sprüngen einen ebenso langen Weg zurück wie der Fuchs mit sieben Sprüngen.

Nach wie vielen Hundesprüngen holt der Hund den Fuchs ein, wenn dieser anfangs 60 Fuchssprünge Vorsprung hat?

Entkommt der Fuchs, wenn er zu Beginn noch 350 Fuchssprünge vom rettenden Bau entfernt ist?

Bemerkung: Es wird angenommen, dass der Hund der geraden Spur des Fuchses folgt und dass beide gleichzeitig ihren ersten Sprung starten.
  (Lösung Abschn. 32.2)

© Springer-Verlag GmbH Deutschland, ein Teil von Springer Nature 2020
P. Jainta und L. Andrews, *Mathe ist wirklich noch viel mehr,*
https://doi.org/10.1007/978-3-662-61460-0_16

16.3 Kreuzzahlrätsel

1	2	3	4	5
6				
7			8	
9	10	11	12	
13			14	

Waagerecht:

1) Zahl mit neun Teilern
3) Ein Dutzend Dutzend
6) Quadrat
7) Palindrom
9) Biquadrat
11) Biquadrat
13) Zahl, die vorwärts und rückwärts gelesen jeweils ein Quadrat ist
14) Palindrom

Senkrecht:

1) Zweierpotenz
2) Biquadrat
3) Palindrom mit acht Teilern
4) Quadrat
5) Durch 11 teilbares Palindrom
7) Quadrat
8) Zahl der Arme eines Seesterns
10) Potenz von 2
12) Zahl mit sieben Teilern

Hinweise:
Biquadrat = Quadrat eines Quadrats
Palindrom = Zahl, die vorwärts und rückwärts gelesen denselben Wert hat
(Lösung Abschn. 32.3)

16.4 Kugelziehung

Auf einem Tisch stehen drei Gefäße mit jeweils 16 nummerierten Kugeln. Im ersten Gefäß befinden sich acht schwarze und acht rote, im zweiten neun schwarze und sieben rote, und im dritten Gefäß sind zehn schwarze und sechs rote Kugeln.

Nun werden aus jedem Gefäß zwei Kugeln entnommen.

a) Berechne für jedes Gefäß, wie groß die Wahrscheinlichkeit ist, zwei Kugeln mit verschiedener Farbe zu ziehen.
b) Wie müssen bei 25 Kugeln die Farben verteilt sein, um mit der Wahrscheinlichkeit von 0,5 zwei verschiedenfarbige Kugeln zu ziehen?

Hinweis: Wahrscheinlichkeit $= \frac{\text{Anzahl der günstigen Fälle}}{\text{Anzahl der möglichen Fälle}}$
(Lösung Abschn. 32.4)

Teil III
Lösungen

Kapitel 17
Zahlenquadrate und Verwandte

17.1 L-1.1 Papierstreifen (050912)

a) Da die Summe der Zahlen aus Kästchen 1 bis 3 mit der Summe der Kästchen 2 bis 4 übereinstimmt, muss die Zahl im vierten Kästchen gleich der Zahl im ersten Kästchen, also eine 1 sein (in beiden Summen kommen die Zahlen aus dem zweiten und dritten Kästchen vor!). Genauso kann man sich überlegen, dass im siebten Kästchen (Vergleich der Summen der Zahlen aus Kästchen 4 bis 6 mit der Summe der Zahlen aus Kästchen 5 bis 7) und im zehnten Kästchen (Vergleich der Summen der Zahlen aus Kästchen 7 bis 9 mit der Summe der Zahlen aus Kästchen 8 bis 10) eine 1 stehen muss.
Damit lässt sich leicht die eindeutige Lösung angeben:

1	7	4	1	7	4	1	7	4	1	7

b) Wir gehen von obiger Lösung aus und versuchen die Zahl 4 (1 und 7 sind vorgegeben) so zu ändern, dass die Summe von drei benachbarten Zahlen entweder 9 oder 16 beträgt:

1	7		1	7		1	7		1	7

Da die Gesamtsumme 49 ist, beträgt die Summe der Zahlen aus Kästchen 2 bis 10 insgesamt $49 - (1 + 7) = 41 = 16$ (Kästchen 2 bis 4) $+16$ (Kästchen 5 bis 7) $+9$ (Kästchen 8 bis 10):

1	7	8	1	7	8	1	7	1	1	7

Da man die Zahl 8 des dritten Kästchen mit der Zahl 1 im neunten Kästchen vertauschen kann, gibt es mehr als eine Lösung.

© Springer-Verlag GmbH Deutschland, ein Teil von Springer Nature 2020
P. Jainta und L. Andrews, *Mathe ist wirklich noch viel mehr*,
https://doi.org/10.1007/978-3-662-61460-0_17

17.2   L-1.2 Zahlenpyramide (051011)

a) Da die Summe S möglichst groß werden soll, schreiben wir in den mittleren
   Kreis die 0, da diese nichts zur Summe S beiträgt. Die Kreise an den Ecken
   werden mit den größten Zahlen 7, 8 und 9 gefüllt, da diese jeweils zweimal in
   den Summen vorkommen.
   Es ist $1 + 2 + 3 + 4 + 5 + 6 = 21$ und $7 + 8 = 15$, $7 + 9 = 16$, $8 + 9 = 17$.
   Also muss $S = (21 + 15 + 16 + 17) \div 3 = 69 \div 3 = 23$ sein. Das heißt, wir
   ergänzen 7 und 8 mit 2 und 6, 8 und 9 mit 5 und 1 sowie 7 und 9 mit 3 und 4.

b) Da die Summe S möglichst klein werden soll, schreiben wir in den mittleren
   Kreis die 2001, da diese nichts zur Summe S beiträgt. Die Kreise an den Ecken
   werden mit den kleinsten Zahlen 1992, 1993 und 1994 gefüllt.
   Es ist $1995 + 1996 + \ldots 2000 = 11\,985$ und $1992 + 1993 = 3985$, $1993 + 1994 =
   3987$, $1992 + 1994 = 3986$. Also ist $S = (11\,985 + 3985 + 3986 + 3987) \div 3 =
   23\,943 \div 3 = 7981$. Das heißt, wir ergänzen z. B. 1992 und 1993 mit 1996 und
   2000, 1992 und 1994 mit 1997 und 1998 sowie 1993 und 1994 mit 1995 und
   1999.

Die Lösungen für Teil a und Teil b sind in Abb. 17.1 dargestellt.

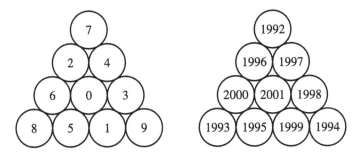

Abb. 17.1 Zahlenpyramide

1			3
		2	
	3		
			4

1	2		3
	4	2	1
	3		2
	1		4

1	2		3
3	4	2	1
4	3		2
2	1	3	4

1	2	4	3
3	4	2	1
4	3	1	2
2	1	3	4

Abb. 17.2 Minisudoku

17.3 L-1.3 Minisudoku (051411)

Wegen der 1 in Zeile 1, der 2 in Zeile 2 und der 4 in Spalte 4 ist auf dem Feld in der ersten Zeile und vierten Spalte nur die Zahl 3 möglich (Abb. 17.2). Somit sind auch die Spalten 4 und 2 bestimmt. Nun lassen sich die Zeilen 2 und 4 ergänzen, und damit ist auch Spalte 3 eindeutig bestimmt.

Kapitel 18
Alles mit und um Zahlen

18.1 L-2.1 Iris und ihre Zahlen (050812)

Es gibt $9999 - 999 = 9000$ vierstellige Zahlen, darunter 4500 ungerade und 4500 gerade Zahlen. Die Differenz der beiden Summen

$$(9999 + 9997 + \ldots + 1001) - (9998 + 9996 + \ldots + 1000)$$

lässt sich vereinfachen zu:

$$9999 + 9997 + \ldots + 1001 - 9998 - 9996 - \ldots - 1000$$

Nun lässt sich jede ungerade Zahl mit ihrer nachfolgenden geraden Zahl zu einer Differenz zusammenfassen:

$$(9999 - 9998) + (9997 - 9996) + \ldots + (1001 - 1000)$$

Da es 4500 ungerade Zahlen gibt, erhält man 4500-mal den Differenzenwert 1, also insgesamt als Ergebnis 4500.

18.2 L-2.2 Die besondere Zahl von Max (050813)

Man geht von dem Ergebnis 7 aus und betrachtet das Ganze rückwärts. Die Zahl 7 soll übrig bleiben. Da man vorher mit 7 multipliziert hatte, muss beim Streichen der Einerziffer die 1 übrig geblieben sein. Da vor dem Streichen der Einerziffer immer mit 7 multipliziert wird, muss außer im letzten Schritt die zu ergänzende Einerziffer so gewählt werden, dass die neu entstehende Zahl ein Vielfaches von 7 ist.

Ausgehend von der Zahl 7 erhält man daher:

© Springer-Verlag GmbH Deutschland, ein Teil von Springer Nature 2020
P. Jainta und L. Andrews, *Mathe ist wirklich noch viel mehr*,
https://doi.org/10.1007/978-3-662-61460-0_18

7 | ÷7 ergibt 1 (Einerziffer geeignet ergänzen) ⇒ 14 (1)

   | ÷7 ergibt 2 ⇒ 21 oder 28 (2)

   | ÷7 ergibt 3 oder 4 ⇒ 35, 42 oder 49 (3)

   | ÷7 ergibt 5, 6 oder 7 ⇒ 56, 63, 70 oder 77 (4)

   | ÷7 ergibt 8, 9, 10 oder 11 ⇒ 84, 91, 98, 105, 112 oder 119 (5)

   | ÷7 ergibt 12, 13, 14, 15, 16 oder 17

Da die ursprüngliche Zahl durch 9 teilbar sein soll, muss im letzten Schritt die Einerziffer so gewählt werden, dass diese Bedingung erfüllt ist: 126, 135, 144, 153, 162 und 171. Max könnte also nur von einer dieser Zahlen ausgegangen sein.

18.3   L-2.3 Alles quer (060813)

Das Querprodukt von $n = 12 = 2 \cdot 6 = 4 \cdot 3 = 2 \cdot 2 \cdot 3$. Daraus folgt: Neben den Ziffern 2 und 6 bzw. 4 und 3 oder 2, 2 und 3 können nur noch einige Ziffern 1 auftreten. Die Quersumme von $n = 10 = 2 + 6 + 1 + 1 = 4 + 3 + 1 + 1 + 1 = 2 + 2 + 3 + 1 + 1 + 1$. Daraus folgt: Die Zahl n besteht entweder aus den Ziffern 1, 1, 2, 6 oder 1, 1, 1, 3, 4 oder 1, 1, 1, 2, 2, 3. Aus den Ziffern 1,1,2 und 6 lassen sich nur die beiden dreistelligen Zahlen 112 und 216 bilden, die auch durch 8 teilbar sind, weshalb in diesem Fall nur die Zahlen 6112 und 1216 das Problem lösen. Mit den Ziffern der zweiten Möglichkeit lassen sich keine durch 8 teilbare, dreistellige Endkombinationen bilden, weshalb n nicht aus diesen Ziffern bestehen kann. Im letzten Fall liefern nur die Endkombinationen 112, 232 und 312 Vielfache von 8. Hier gibt es für n noch folgende zehn Möglichkeiten:

123 112, 132 112, 213 112, 231 112, 312 112, 321 112, 111 232, 112 312, 121 312, 211 312

18.4   L-2.4 Primfaktorzerlegung (050821)

Offensichtlich ist 60 kein Teiler von 90, aber 60 ein Teiler von $90 \cdot 90$, da $8100 \div 60 = 135$ gilt. Ebenso ist 90 kein Teiler von 60, aber ein Teiler von $60 \cdot 60$, da $3600 \div 90 = 40$ gilt. Die Zahlen 140 und 350 (beide nicht durch 3 teilbar) haben z. B. ebenfalls diese Eigenschaften. Offensichtlich ist 140 kein Teiler von 350, aber 140 ein Teiler von $350 \cdot 350$, da $350 \cdot 350 \div 140 = 875$ gilt. Ebenso ist 350 ein Teiler von $140 \cdot 140$, da $19\,600 \div 350 = 56$ gilt.

18.5   L-2.5 qn-Zahl (050822)

a) Wir betrachten alle Vielfachen von 7 über 100 und prüfen ihre Quersumme: 105 (6), 112 (4), 119 (11), 126 (9), 133 (7), also ist 133 die kleinste $q7$-Zahl.

b) Wir betrachten alle Vielfachen von 7 unter 1000 und prüfen ihre Quersummen:
994 (22), 987 (24), 980 (17), 973 (19), 966 (21), also ist 966 die größte dreistellige
q7-Zahl.

c) Wir betrachten alle geraden dreistelligen Zahlen, deren Quersumme 24 beträgt,
und prüfen diese Zahlen auf Teilbarkeit durch 8 (die Teilbarkeit durch 3 folgt aus
der Quersumme 24): 996 (Rest 4), 978 (R 2), 888 (erfüllt), 798 (R 6). Also ist
888 die einzige dreistellige q24-Zahl.

18.6 L-2.6 Brüchig (060822)

Einfache Umrechnungen ergeben $\frac{97}{36} = 2\frac{25}{36} = 2\frac{875}{1260}$ und $\frac{96}{35} = 2\frac{26}{35} = 2\frac{936}{1260}$.

Möglichst kleine Nenner erhält man, wenn man die echten Bruchteile durch möglichst viele Teiler von $1260 = 35 \cdot 36 = 5 \cdot 7 \cdot 4 \cdot 9$ kürzen kann.

Für die zwischen 875 und 936 liegenden Vielfachen von 9 erhalten wir:

Vielfaches von 9	882	891	900	909	918	927
weitere gemeinsame Teiler mit 1260	2;7	–	4;5	–	2	–
verbleibende Nenner	10	140	7	140	7	140

Durch einfaches Nachrechnen erkennt man, dass kein Bruch mit Nenner 2, 3, 4, 5 oder 6 zwischen den Ausgangsbrüchen liegen kann. Der Bruch mit kleinstem Nenner lautet somit: $2\frac{900}{1260} = 2\frac{5}{7} = \frac{19}{7}$.

18.7 L-2.7 Ausradierte Division (060912)

Nur Divisoren 13, 14 oder 15 können bei der ersten Division (Ergebnis 3) den Rest 3 haben.

Der Divisor 14 entfällt, da keine 80er Zahl bei Division durch 14 den Rest 9 ergibt.

Mit Divisor 13 erhält man folgende Lösung: $42472274 \div 13 = 3267098$.

Mit Divisor 15 gibt es zwei Lösungen: $48841170 \div 15 = 3256078$ und $48841470 \div 15 = 3256098$.

Wir überlassen es der Leserin bzw. dem Leser, die schriftliche Division selbst durchzuführen und die Zwischen-Ergebnisse zu überprüfen.

18.8   L-2.8 Addieren oder Subtrahieren (060913)

a) Mögliche Lösung: $1 + 2 + 3 - 4 - 5 + 6 - 7 - 8 + 9 + 10 - 11 + 12 + 13 = 21$.

b) 22 kann nicht als Ergebnis auftreten, denn bei jeder Ersetzung eines Pluszeichens durch ein Minuszeichen verringert sich das Ergebnis um den doppelten Wert der Zahl, die nach diesem veränderten Rechenzeichen folgt. Bei jedem Wechsel eines Minuszeichens in ein Pluszeichen wird umgekehrt das Ergebnis um den doppelten nachfolgenden Zahlenwert erhöht. Da die Summe der 13 Zahlen die ungerade Zahl 91 ergibt und sich bei jedem Wechsel des Rechenzeichens das Ergebnis um eine gerade Zahl verändert, können nur ungerade Ergebnisse auftreten. 22 kann daher als gerade Zahl nicht erhalten werden.

c) Mögliche Lösung: $1 + 2 - 3 + 4 - 5 + 6 - 7 - 8 + 9 + 10 - 11 + 12 + 13 = 23$.

18.9   L-2.9 Milleniumsrechenmaschine (050921)

Da eine Vergrößerung der Zahl 2000 nicht sinnvoll ist, versucht man zunächst, sie so schnell wie möglich zu verkleinern: $2000 \mid -2 \Rightarrow 1998 \mid \div 3 \Rightarrow 666 \div 3 \Rightarrow 222 \mid \div 3 \Rightarrow 74 \mid -2 = 72 \mid \div 3 \Rightarrow 24 \mid \div 3 \Rightarrow 8 \mid -2 \Rightarrow 6$ (acht Tasten).

Andererseits kann man, von 2001 ausgehend, rückwärts versuchen, in die Nähe einer der obigen Zahlen zu gelangen: $2001 = 667 \cdot 3$; $667 = 669 - 2$; $669 = 223 \cdot 3$; $223 = 225 - 2$; $\cdot 225 = 75 \cdot 3$; $75 = 25 \cdot 3$; $25 = 27 - 2$; $27 = 9 \cdot 3$ (acht Tasten).

Wie kommt man nun am schnellsten von der 6 zur 9? Natürlich über die 3. Von den zwei Möglichkeiten $6 \mid \div 3 = 2 \mid -1 = 1 \mid \cdot 3 = 3 \mid \cdot 3 = 9$ (vier Tasten) bzw. $6 \mid -2 = 4 \mid -1 = 3 \mid \cdot 3 = 9$ (drei Tasten) ist letztere die kürzere. Also schafft man es mit 19 Tastendrücken.

18.10   L-2.10 Welche Zahlen? (050922)

Da die vier Klammern ein Produkt darstellen, zerlegen wir 2001 erst einmal in Primfaktoren: $2001 = 3 \cdot 23 \cdot 29$.

Da die vier Klammern aber vier Faktoren darstellen, müssen wir noch einen Faktor 1 hinzufügen: $2001 = 1 \cdot 3 \cdot 23 \cdot 29 = 29 \cdot 3 \cdot 1 \cdot 23$.

Da a, b, c und d natürliche Zahlen sind, können die Klammern mit a, b (wegen $b > c$) und d nicht den Wert 1 annehmen. Also muss in diesem Fall gelten: $c = 1$.

Wegen $b > c$ erhalten wir die folgenden Darstellungen:

$$2001 = 29 \cdot 3 \cdot 1 \cdot 23 \text{ mit } a = 27, b = 3, c = 1, d = 22$$
$$2001 = 29 \cdot 23 \cdot 1 \cdot 3 \text{ mit } a = 27, b = 23, c = 1, d = 2$$
$$2001 = 23 \cdot 29 \cdot 1 \cdot 3 \text{ mit } a = 21, b = 29, c = 1, d = 2$$
$$2001 = 23 \cdot 3 \cdot 1 \cdot 29 \text{ mit } a = 21, b = 3, c = 1, d = 28$$
$$2001 = 3 \cdot 23 \cdot 1 \cdot 29 \text{ mit } a = 2, b = 23, c = 1, d = 28$$
$$2001 = 3 \cdot 29 \cdot 1 \cdot 23 \text{ mit } a = 2, b = 29, c = 1, d = 22$$

Eine Zerlegung von 2001 in zwei Faktoren, die nicht gleich 1 sind, z. B. $2001 = 29 \cdot 69$, müssten wir durch zwei Faktoren, also zweimal durch den Faktor 1 ergänzen. Da aber, wie oben ausgeführt, nur eine Klammer den Wert 1 annehmen kann, gibt es für solche Fälle keine weiteren Lösungen.

18.11   L-2.11 Der Trick von Carl Friedrich Gauß (050923)

Es sei $s = 55 + 56 + 57 + \ldots + 81 + 82 + 83$.

Dann enthält s insgesamt $83 - 54 = 29$ Summanden.

Davon können wir 28 zu 14 Summen mit gleichem Summenwert zusammenfassen:
$s = (55 + 83) + (56 + 82) + \ldots + (68 + 70) + 69 = 14 \cdot 138 + 69 = 28 \cdot 69 + 69 = 29 \cdot 69 = 2001$.

Es sei $s = 6 + 7 + 8 + 9 + \ldots + 60 + 61 + 62 + 63$.

Dann enthält s insgesamt $63 - 5 = 58$ Summanden. Davon können wir 58 zu 29 Summen mit gleichem Summenwert zusammenfassen:
$s = (6 + 63) + (7 + 62) + \ldots + (34 + 35) = 29 \cdot 69 = 2001$.

Es ist $2001 = 3 \cdot 23 \cdot 29$. Was oben mit 29 Summanden geklappt hat, könnten wir auch mit drei Summanden versuchen:

$2001 \div 3 = 667$; also können wir schreiben: $666 + 667 + 668 = 2001$.

Genauso können wir es mit 23 Summanden probieren:

$2001 \div 23 = 87$, wobei genau elf Summanden vor 87 und elf Summanden nach 87 vorkommen müssen:

$$76 + 77 + \ldots + 87 + \ldots + 97 + 98 = 11 \cdot 174 + 69 = 1914 + 87 = 2001.$$

Mit den Teilern 1, 3 und 23 können wir das ganz oben bei der zweiten Summe verwendete Prinzip anwenden:

$$1000 + 1001 = 2001, \; 331 + 332 + 333 + 334 + 335 + 336 = 2001 \text{ und}$$

$$21 + 22 + \ldots + 43 + 44 + \ldots + 65 + 66 = 2001$$
$$(2001 \div 23 = 87, \; 87 = 43 + 44 = 42 + 45 = \ldots = 21 + 66).$$

18.12   L-2.12 Zahlen stehen Kopf (051012)

a) Es gibt vier zweistellige Kopfzahlen: 11, 69, 88, 96.
   Es gibt 20 vierstellige Kopfzahlen: 1001, 1111, 1691, 1881, 1961; 6009, 6119, 6699, 6889, 6969; 8008, 8118, 8698, 8888, 8968; 9006, 9116, 9696, 9886, 9966.
b) Wir erhalten alle sechsstelligen Kopfzahlen, wenn wir

   (1) vor jede der 20 vierstelligen Kopfzahlen eine 1, 6, 8 oder eine 9 und an das Ende in derselben Reihenfolge eine 1, 9, 8, 6 setzen. Somit erhalten wir $20 \cdot 4 = 80$ sechsstellige Kopfzahlen;
   (2) ähnlich wie in (1) mit den fünf verbliebenen Ziffernkombinationen 0000, 0110, 0690, 0880, 0960, die mit einer 0 beginnen, vorgehen.
       Das ergibt weitere $5 \cdot 4 = 20$ sechsstellige Kopfzahlen.
       Also gibt es insgesamt $80 + 20 = 100$ sechsstellige Kopfzahlen.
c) Beispiele solcher Kopfzahlen sind $96\,800\,896 - 88\,800\,888 = 8\,000\,008$ oder $96\,811\,869 - 88\,811\,888 = 8\,000\,008$ oder $96\,888\,869 - 88\,888\,888 = 8\,000\,008$.

18.13   L-2.13 Summe und Differenz (051021)

a) Es gibt verschiedene Lösungen. Die einfachste ist wohl:
   $2, 0, 0, 1 \Rightarrow 2, 0, 1, 1 \Rightarrow 2, 0, 0, 2$.
b) Achim kann die Zahlenreihe 2, 0, 0, 3 nicht aus 2, 0, 0, 2 erzeugen. Die Summe und die Differenz zweier gerader Zahlen ergeben stets wieder eine gerade Zahl. Ist das Ergebnis (bei der Summe) zweistellig, so ist in diesem Fall auch die Einerziffer eine gerade einstellige Zahl. Da die Zahlenreihe 2, 0, 0, 2 nur gerade einstellige Zahlen enthält, kann durch dieses Verfahren die ungerade Zahl 3 nicht erzeugt werden.

18.14   L-2.14 Das Palindrom (051022)

a) Wir unterscheiden nach der Stellenzahl:
Es gibt neun zweistellige Palindrome: 11, 22, 33, ..., 99.
Bei den dreistelligen Palindromen kann die Anfangsziffer (= Endziffer) eine der Ziffern von 1 bis 9 sein (0 ist als Anfangsziffer nicht möglich!), die mittlere Ziffer kann eine Ziffer von 0 bis 9 sein. Also gibt es $9 \cdot 10 = 90$ verschiedene dreistellige Palindrome.
Außer 2002 müssen alle anderen vierstelligen Palindrome mit 1 beginnen (und enden). Für die zweite Ziffer (= dritte Ziffer) sind alle Ziffern von 0 bis 9 möglich. Also gibt es bis einschließlich 2002 $1 \cdot 10 + 1 = 11$ verschiedene vierstellige Palindrome.
Es ist $9 + 90 + 11 = 110$. Also hat Petra 110 Zahlen aufgeschrieben.
b) Wir beginnen z. B. mit dem kleinsten vierstelligen Palindrom 1001 und finden schnell, dass wegen der Zweistelligkeit des dritten Palindroms nur gelten kann:
$2002 = 1001 + 979 + 22$.
In gleicher Weise findet man eine Zerlegung mit den nächsten vierstelligen Palindromen:
$2002 = 1111 + 858 + 33$; $2002 = 1221 + 781 + 44$; $2002 = 1331 + 616 + 55$;
$2002 = 1441 + 484 + 77$; $2002 = 1551 + 363 + 88$; $2002 = 1661 + 242 + 99$.
Dies sind alle Möglichkeiten, da sich $331 = 2002 - 1771$ und $121 = 2002 - 1881$ nicht als Summe eines dreistelligen und eines zweistelligen Palindroms darstellen lassen.

18.15   L-2.15 Zahlenbestimmung (051023)

a) 2002 lässt bei Division durch 2001 den Rest 1. Die kleinste Zahl, die mit 1 beginnt und durch 2001 teilbar ist, ist 10005. Also ist auch 20020005 durch 2001 teilbar.
Somit liefert die Zahl $20020005 + 2000 = 20022005$ bei Division von 2001 den Rest 2000.
Wegen $20022005 - 2001 = 20020004$ ist 20020004 die kleinste Zahl mit der geforderten Eigenschaft.
b) Da der Rest 2000 betragen soll, muss die gesuchte Zahl auf $2002 - 2000 = 0002$ enden. Gesucht ist also eine Zahl x, so dass die Zahl $x0002$ durch 2001 teilbar ist.
Wegen $4002 \div 2001 = 2$ muss die Zahl $x0$ bei Division durch 2001 den Rest 4 ergeben.
Wir suchen also das kleinste Vielfache von 2001, das mit 6 endet. Die kleinste Zahl, die dies liefert, ist $12006 (= 2001 \cdot 6)$. Berücksichtigt man den Rest 4, so ist 12010002 die kleinste Zahl der Form $x0002$, die durch 2001 teilbar ist. Die gesuchte Zahl ist deshalb 12012002.

c) Die gesuchte Zahl muss die Form 2002x2002 haben. Da 2 002 bei Division durch 2 001 den Rest 1 hat, benutzen wir diese 1, um mit der in b) erhaltenen Zahl 12 012 002 weiterzurechnen.

Da dies in b) die kleinste war, erhält man als gesuchte Zahl 20 022 012 002.

18.16   L-2.16 Eins Zwei Eins (051112)

a) Für Xenias Zahl gibt acht Möglichkeiten: 222, 221, 212, 211, 122, 121, 112, 111. Ina muss daher mindestens acht Zahlen nennen. Nennt sie nur sieben oder weniger, könnte Xenias Zahl eine der nicht genannten Zahlen sein.

b) Ina muss mindestens zwei Zahlen nennen, z. B. 222 und 111. Da Xenias Zahl mindestens eine 1 oder mindestens eine 2 enthält, erfüllt eine der beiden Zahlen die Bedingung. Andererseits genügt eine Zahl nicht, da bei Xenias Zahl an jeder Stelle statt 2 eine 1 und statt 1 eine 2 stehen könnte, z. B.
Ina: 211, Xenias Zahl: 122

c) Es genügen überraschenderweise wieder zwei Zahlenvorschläge, z. B. 111 und 222. Jede der acht möglichen Zahlen enthält mindestens zwei Ziffern 1 oder mindestens zwei Ziffern 2. Folglich stimmen in einer der beiden Zahlen mindestens zwei Ziffern mit denen von Xenias Zahl überein. Wegen b) genügt ein Versuch nicht.

18.17   L-2.17 Die Fümoianer (061112)

a) Multiplizieren wir die Endziffern (hier $3 \cdot 3$), so erhalten wir auf FÜMO die Endziffer 2 und eventuell einen Übertrag (= Vielfaches der Stufenzahl). Wegen $3 \cdot 3 = 9$ muss die Stufenzahl ein Teiler von $9 - 2 = 7$ sein, also 7 oder 1. Da 1 sich nicht als Stufenzahl eignet, rechnen die Fümoaner im Siebenersystem, haben also sieben Fühler.
Probe:
$(23)_7 = 2 \cdot 7 + 3 = 17, (13)_7 = 1 \cdot 7 + 3 = 10$
$(23)_7 \cdot (13)_7 = 17 \cdot 10 = 170 = 3 \cdot 49 + 3 \cdot 7 + 2 = (332)_7$

b) $(232)_7 + (323)_7 + (312)_7 = (1200)_7$
Probe:
$(232)_7 + (323)_7 + (312)_7 =$
$(2 \cdot 49 + 3 \cdot 7 + 2) + (3 \cdot 49 + 2 \cdot 7 + 3) + (3 \cdot 49 + 1 \cdot 7 + 2) =$
$121 + 164 + 156 = 441 = 1 \cdot 343 + 2 \cdot 49 = (1200)_7$

18.18   L-2.18 Jahreszahlen konstruieren (051121)

Es gibt viele Lösungen, vier davon seien angegeben:

$$1 \cdot 2 + 345 \cdot 6 - 78 + 9 = 2\,003,$$
$$1 + 2 + 34 \cdot 56 + 7 + 89 = 2\,003,$$
$$12 + 3 \cdot 456 + 7 \cdot 89 = 2\,003,$$
$$1 + 2 \cdot (3 + 4) \cdot (56 + 78 + 9) = 2\,003.$$

18.19   L-2.19 Multiplikationstick (051123)

Wir rechnen rückwärts. Ist x das Ergebnis der „Multiplikation" der ersten beiden Zahlen und y die dritte Zahl, so muss gelten: $x \cdot y + 1 = 2003$, d.h. $x \cdot y = 2\,002$.

Wegen $2\,002 = 2 \cdot 7 \cdot 11 \cdot 13$ und $x > 2$ und $y \cdot y > x$ erhalten wir für x und y folgende Lösungen:

x	7	11	13	14	22	26	77	91	143	154
y	286	182	154	143	91	77	26	22	14	13

Nun untersuchen wir, welche der Zahlen x sich geeignet zerlegen lassen:
$7 = 2 \cdot 3 + 1; 11 = 2 \cdot 5 + 1; 13 = 2 \cdot 6 + 1 = 3 \cdot 4 + 1; 22 = 3 \cdot 7 + 1; 77 = 4 \cdot 19 + 1$
und $91 = 5 \cdot 18 + 1 = 6 \cdot 15 + 1 = 9 \cdot 10 + 1$.

Für 14, 26, 143 und 154 gibt es keine Zerlegung, die die geforderten Bedingungen erfüllt. Wir erhalten deshalb folgende neun Lösungen:

2, 3, 286; 2, 5, 182; 2, 6, 154; 3, 4, 154; 3, 7, 91; 4, 19, 26; 5, 18, 22; 6, 15, 22; 9, 10, 22.

18.20   L-2.20 Divisionsreste (051222)

Zuerst suchen wir die kleinste natürliche Zahl mit den genannten Eigenschaften. Dazu betrachten wir alle geraden Zahlen, die bei Division durch 7 den Rest 2 lassen, und vergleichen diese mit allen geraden Zahlen, die bei Division durch 5 den Rest 4 haben: 2, 16, 30, 44, 58, 72, ... und 4, 14, 24, 34, 44, 54, ...

Also ist 44 die kleinste Zahl mit den genannten Eigenschaften.

Wegen $2 \cdot 5 \cdot 7 = 70$ ist 70 die kleinste Zahl, die durch 2, 5 und 7 (ohne Rest) teilbar ist. Da 70 bei Division durch 5 bzw. 7 den Rest 0, 44 bei Division durch 5 bzw. 7 den

Rest 4 bzw. 2 hat, ist die Summe $70 + 44$ die nächstgrößere Zahl, die bei Division durch 5 bzw. 7 den Rest 4 bzw. 2 hat. Die nächste Zahl finden wir, indem wir jeweils 70 addieren: $44, 44 + 70 = 114, 44 + 70 + 70 = 184, 44 + 70 + 70 + 70 = 254, \ldots$
An der 29. Stelle steht somit die Zahl, bei der wir 28-mal 70 zu 44 addiert haben: $44 + 28 \cdot 70 = 2004$.

18.21   L-2.21 2004 und gerade Zahlen

Schreiben wir die gerade Zahl 2 004 als Summe von drei natürlichen Zahlen, so sind darunter entweder drei gerade Zahlen oder eine gerade Zahl und zwei ungerade. Die Summe von drei ungeraden Zahlen ist wieder ungerade, kann also nicht 2 004 sein. Bilden wir das Produkt aus drei geraden Zahlen, so ist dieses wieder gerade. Das Gleiche gilt auch für ein Produkt aus zwei ungeraden und einer geraden Zahl (durch 2 teilbar), da dann das Produkt wegen der geraden Zahl den Teiler 2 haben muss. Also hat Anja Recht.

Anders sieht es aus, wenn wir 2 004 in vier Summanden zerlegen.

Wählen wir z. B. $2\,004 = 501 + 501 + 501 + 501$, so sehen wir, dass sich 2 004 in vier ungerade Summanden zerlegen lässt.

Das Produkt aus vier ungeraden Zahlen ist aber stets ungerade, da keiner der Faktoren den Teiler 2 enthält. Also hat Iris Unrecht.

18.22   L-2.22 Chris und sein Problem (061313)

Jede der fünf Einerziffern kann mit vier weiteren Zehner-, drei weiteren Hunderter-, zwei weiteren Tausender- und der einen verbleibenden Zehntausenderziffer kombiniert werden, weswegen es $5 \cdot 4 \cdot 3 \cdot 2 \cdot 1 = 120$ solcher Zahlen (= Summanden) gibt.

Auf der Einerstelle tritt jede Ziffer 24-mal auf. Die Summe aller Einerziffern ergibt daher $24 \cdot 1 + 24 \cdot 3 + 24 \cdot 5 + 24 \cdot 7 + 24 \cdot 9 = 24 \cdot (1 + 3 + 5 + 7 + 9) = 24 \cdot 25 = 600$.

Da die Summen der anderen Stellen ebenso 600 betragen, erhalten wir bei Berücksichtigung der Stellenwerte die Gesamtsumme
$$600 \cdot 10\,000 + 600 \cdot 1\,000 + 600 \cdot 100 + 600 \cdot 10 + 600 \cdot 1 =$$
$$600 \cdot (10\,000 + 1\,000 + 100 + 10 + 1) = 600 \cdot 11\,111 = 6\,666\,600.$$

18.23   L-2.23 Schnapszahlen (051322)

Um die Summandenzahl möglichst klein zu halten, beginnen wir mit dem Summanden $1\,111 : 2\,005 - 1\,111 = 894$. Nun subtrahieren wir von 894 der Reihe nach jeweils die Zahlen $888, 777, \ldots, 111$ und überprüfen, ob der Rest durch 11 teilbar ist. Wir werden fündig bei der Zahl 333, da $894 - 333 = 561 = 51 \cdot 11$. Um möglichst große Summanden zu erhalten, zerlegen wir 51 in $5 \cdot 9 + 6$ bzw. 561 in $5 \cdot 99 + 66$. Deshalb können wir $894 = 5 \cdot 99 + 66 + 333$ schreiben. Damit ist

$$2\,005 = 1\,111 + 333 + 99 + 99 + 99 + 99 + 99 + 66$$

eine mögliche Zerlegung in acht (also höchstens neun) Summanden.

18.24   L-2.24 Riesenzahl (051323)

Die Riesenzahl besteht aus 2 004 Ziffern. 2 005 besteht aus vier Ziffern. Es ist $2\,004 \div 4 = 501$. Also erhalten wir die Riesenzahl, wenn wir 2 005 insgesamt 501-mal nebeneinander schreiben. Die Riesenzahl hat demnach die Form
    $2005200520052005 \ldots 2005$ mit 2 004 Ziffern. Der kleinste Block aus den Zahlen 2 005, der durch 3 teilbar ist, ist 200 520 052 005. Wir erhalten $200\,520\,052\,005 \div 3 = 66\,840\,017\,335$. Da $501 \div 3 = 167$, erhalten wir die Riesenzahl auch, wenn wir den Block 200 520 052 005 insgesamt 167-mal nebeneinander schreiben:

$$\underbrace{200520052005200520052005 \ldots 200520052005}_{\text{167-mal } 200\,520\,052\,005}$$

Wir teilen die Riesenzahl durch 3, indem wir nacheinander die einzelnen Blöcke durch 3 teilen:

$$200520052005200520052005 \ldots 200520052005 \div 3$$
$$= 66840017335066840017335 \ldots 066840017335$$

Im ersten Ergebnisblock befinden sich zwei Nullen, in den 166 weiteren jeweils drei Nullen. Damit enthält das Ergebnis $2 + 166 \cdot 3 = 500$ Nullen. Jeder Ergebnisblock besitzt die Quersumme $(0) + 6 + 6 + 8 + 4 + 0 + 0 + 1 + 7 + 3 + 3 + 5 = 43$.

Somit beträgt die Quersumme des Ergebnisses $167 \cdot 43 = 7\,181$.

18.25   L-2.25 Quadratschlange (051412)

a) Da die Summe zweier benachbarter Zahlen mindestens $1 + 2 = 3$ und höchstens $15 + 14 = 29$ beträgt, kommen als Quadratzahlen nur 4, 9, 16 und 25 in Frage.

b) Entweder suchen wir zu jeder Zahl von 1 bis 15 die entsprechenden Partnerzahlen oder wir zerlegen die in Frage kommenden Quadratzahlen in eine Summe zweier Zahlen: $4 = 1 + 3$; $9 = 1 + 8 = 2 + 7 = 3 + 6 = 4 + 5$; $16 = 1 + 15 = 2 + 14 = 3 + 13 = 4 + 12 = 5 + 11 = 6 + 10 = 7 + 9$; $25 = 10 + 15 = 11 + 14 = 12 + 13$. Wir erkennen, dass von den Zahlen von 1 bis 15 lediglich die 8 und die 9 nur eine Partnerzahl haben, die sie zu einer Quadratzahl ergänzen. Die 1 und die 3 haben dagegen drei Partnerzahlen.

c) Da die Randkästchen jeweils nur einen Nachbarn besitzen, müssen 8 und 9 am Rand stehen: Damit gibt es nur die folgenden beiden Möglichkeiten:

$$9, 7, \ldots, 1, 8 \text{ bzw. } 8, 1, \ldots, 7, 9$$

- Beginnen wir mit der 9, so folgen zwangsläufig 7, 2, 14, 11, 5, 4, 12, 13, 3, 6, 10, 15, 1 und 8. Nach der 3 muss die 6 folgen, da die 1 an vorletzter Stelle steht.
- Beginnen wir mit der 8, so folgen zwangsläufig 1, 15, 10, 6, 3, 13, 12, 4, 5, 11, 14, 2, 7 und 9. Nach der 1 muss die 15 folgen, da andernfalls die 3 direkt zur 1 bzw. über 6, 10, 15, zur 1 führt, die 1 aber an vorletzter Stelle stehen muss.

18.26   L-2.26 Die magische 1 (051413)

Da beide Zahlen dreistellig sind, kann die Summe nur 1 111 betragen. Für die Differenz sind die Zahlen 1, 11 und 111 möglich. Wenn wir die Differenz zweier Zahlen a und b zur Summe dieser Zahlen addieren, erhalten wir das Doppelte der größeren Zahl: $a + b + a - b = 2a$. Damit können wir in allen drei Fällen die gesuchten Zahlen a und b bestimmen.

(1) $1 + 1\,111 = 1\,112$; $1\,112 \div 2 = 566$, also ist $a = 556$ und $b = 555$.
(2) $11 + 1\,111 = 1\,122$; $1\,122 \div 2 = 561$, also ist $a = 561$ und $b = 550$.
(3) $111 + 1\,111 = 1\,222$; $1\,222 \div 2 = 611$, also ist $a = 611$ und $b = 500$.

18.27   L-2.27 Eine Teilungsgeschichte (061413)

Es gilt:

$$99 = 1 \cdot 99$$
$$9\,999 = 101 \cdot 99$$
$$999\,999 = 10\,101 \cdot 99$$
$$\underbrace{999\ldots999}_{2\,004\text{-mal }9} = 1\underbrace{0101\ldots01}_{1\,001\text{-mal }01}\cdot 99$$

Damit ist das kleinste 2 005-stellige Vielfache von 99 die Zahl

$$\underbrace{999\ldots999}_{2\,004\text{-mal }9} + 99 = 1\underbrace{000\ldots000}_{2\,002\text{-mal }0}98.$$

18.28   L-2.28 Zahlenumwandlung (051422)

a) Es gilt: $2\,006 \rightarrow 4\,001 \rightarrow 8\,002 \rightarrow 3\,004 \rightarrow 6\,008 \rightarrow 1\,003 \rightarrow 2\,006$.
Das bedeutet, dass nach jeweils sechs Schritten wieder die Zahl 2 006 erscheint: $2\,006 = 334 \cdot 6 + 2$. Nach 2 004-maligem Anwenden des Verfahrens erscheint also wieder 2 006. Nach zwei weiteren Schritten erhalten wir die gesuchte Zahl 8 002.

b) Jetzt müssen wir das Ganze umgekehrt betrachten. Nach 2 006-facher Anwendung des Verfahrens erscheint wegen Teil a sicher die 2 006, wenn bereits nach dem zweiten Schritt die 2 006 erscheint. Als Vorgänger von 2 006 kommen die Zahlen 1 003, 1 053, 1 503, 1 553, 7 003, 7 053, 7 503 und 7 553 in Frage. Da aber diese Zahlen noch einen Vorgänger besitzen müssen, die Ziffern 7 und 5 aber nicht erzeugt werden können, kann die Zahl nach dem ersten Schritt nur 1 003 sein. Als Vorgänger von 1 003 erhalten wir die folgenden vier gesuchten Anfangszahlen:

$$6\,008, 6\,058, 6\,508 \text{ und } 6\,558$$

18.29   L-2.29 Zahlensuche (051423)

Hat die gedachte Zahl die Form abc, so muss gelten:

$$abc + abc0 + abc4 = 7de9$$

Wegen $c + 0 + 4 = 9$ ist $c = 5$.

- Betrachten wir die Tausender, erkennen wir, dass $a = 3$ sein muss.
- Betrachten wir die Zehner, so gilt: $b + c + c = 10 + e$ (kein Übertrag von den Einern!), und wegen $c = 5$ folgt die Bedingung $e = b$.
- Betrachten wir die Hunderter, so muss gelten: $a + b + b + 1 = 10 + d$, und wegen $a = 3$ und $e = b$ folgt die Bedingung $e + e = 6 + d$. d ist also eine gerade Zahl.

Damit erhalten wir für:

- $d = 0 : b = e = 3$
- $d = 2 : b = e = 4$
- $d = 4 : b = e = 5$
- $d = 6 : b = e = 6$
- $d = 8 : b = e = 7$

Die gedachte Zahl kann folglich nur 335, 345, 355, 365 oder 375 sein.

18.30 L-2.30 Gebundene Zahlen (061422)

a) In dieser Folge sind bis auf die beiden Randzahlen 1 und 2 006 alle Zahlen gebunden, denn jede Zahl im Innern ist die halbe Summe aus ihrem direkten Vorgänger und dem direkten Nachfolger (z. B. $7 = (6 + 8) \div 2$). Nur die Randzahlen sind frei.

b) Ordnen wir zuerst die ungeraden Zahlen und danach die geraden Zahlen an, so ist die halbe Summe einer Zahl aus dem ersten Zahlenblock (ungerade) und einer Zahl aus der zweiten Hälfte (gerade) keine natürliche Zahl. Im Bereich der ungeraden Zahlen gibt es für die 7 die drei verschiedenen Möglichkeiten $(5 + 9) \div 2$, $(3 + 11) \div 2$ und $(1 + 13) \div 2$, für die 5 und 9 jeweils nur zwei, für die 3 und die 11 nur eine und für 1 und 13 gar keine halbe Summe von ungeraden Zahlen dieser Menge. Beginnen wir mit der 7, so sind alle bindenden Summanden rechts davon. Da 11 nicht mit 7 gebunden werden kann, passt danach die 11 und dann der Mittelwert 9 von 7 und 11. Schließen wir nun so weiter, erhalten wir als eine mögliche Anordnung

$$7, 11, 9, 3, 1, 5, 13.$$

Entsprechend ordnen wir die um 1 größeren geraden Zahlen

$$8, 12, 10, 4, 2, 6, 14.$$

Damit erhält die Folge

$$7, 11, 9, 3, 1, 5, 13, 8, 12, 10, 4, 2, 6, 14$$

nur freie Zahlen.

Es gibt weitere Lösungen, z. B. 7, 3, 5, 11, 13, 9, 1, 8, 4, 6, 12, 14, 10, 2.

Kapitel 19
Kombinieren und geschicktes Zählen

19.1 L-3.1 In der Sportstunde (060821)

a) Man zeichnet die 24 Schüler als Striche in einen Kreis mit A für Adam und streicht nach dem beschriebenen Auswahlverfahren im Uhrzeigersinn jeden siebten Schüler (Abb. 19.1 links). An den mit X gekennzeichneten Stellen sollten ursprünglich die Schüler der Klasse 6a stehen.
Anmerkung: Die Zahlen kennzeichnen die Reihenfolge des Ausscheidens.

b) Zählt man von Adam (A) ausgehend wie in Teil a im Uhrzeigersinn weiter, so bleibt der Schüler unmittelbar vor Adam übrig (vgl. I in Abb. 19.1 rechts). Beginnt man beim anderen Nachbarn von Adam in gleicher Weise zu zählen, so wird schließlich Adam der Torwart.

19.2 L-3.2 Schlüsselsalat (061011)

Im ungünstigsten Fall benötigt der Hoteldiener für die erste Tür 49 Schlüsselproben, denn wenn 49 Schlüssel nicht passen, so ist automatisch der übrig gebliebene richtig.

Abb. 19.1 In der Sportstunde

```
                    4 7 1
              A I X X I X
        9 X           I              (A)
          I           X 12       I  X  X X
       11 X           X 10       X       X
        3 X           I          X       X
        6 X           X 5        X  X  X X
          I I I X X I
              8 2
```

© Springer-Verlag GmbH Deutschland, ein Teil von Springer Nature 2020
P. Jainta und L. Andrews, *Mathe ist wirklich noch viel mehr,*
https://doi.org/10.1007/978-3-662-61460-0_19

Für die zweite Tür sind höchstens noch 48 und für die dritte noch 47 Proben nötig usw.

Insgesamt müssen also im ungünstigsten Fall $49 + 48 + 47 + \cdots + 3 + 2 + 1 = 1225$ Schlüsselproben durchgeführt werden.

19.3   L-3.3 Herr der Ringe (061021)

a) Für die drei einstelligen Zahlen brauchen wir drei Ziffern, für die 90 zweiziffrigen Zahlen 180 Ziffern und für die 900 dreistelligen Zahlen $900 \cdot 3 = 2\,700$ Ziffern. Die restlichen 90 vierstelligen Zahlen (von 1 000 bis 1 089) benötigen 360 Ziffern. Insgesamt werden $3 + 180 + 2\,700 + 360 = 3\,243$ Ziffern verwendet.

b) Bis zur Seitenzahl 99 taucht die 0 neunmal als Endnull auf. Zwischen 100 und 199 sowie jedem folgenden Hunderterbereich von Zahlen bis 999 tritt die 0 20-mal (je zehnmal auf der Einer- und der Zehnerstelle) auf. Von 1 000 bis 1 089 wird die 0 neunmal auf der Einer-, zehnmal auf der Zehner- und 90-mal auf der Hunderterstelle verwendet.

Insgesamt werden $9 + 9 \cdot 20 + 9 + 10 + 90 = 298$ Nullen benötigt.

c) Bis 99 benötigt man $3 + 180 = 183$ Ziffern, weshalb $2\,002 - 183 = 1\,819$ Ziffern für dreistellige Zahlen verwendet werden. Wegen $1\,819 \div 3 = 606$ R 1 ist die 2 002. Ziffer die erste Ziffer der 607. dreistelligen Zahl auf Seite $706(= 99 + 607)$ und lautet daher 7.

19.4   L-3.4 Jubiläum (061111)

a) Schreiben wir an die Stellen der Buchstaben des Diagramms die Anzahl der Wege, die vom linken oberen F zum jeweiligen Buchstaben führen, so erhalten wir den untenstehenden Ausschnitt.

Insgesamt gibt es $4 + 5 + 3 + 1 = 13$ Lesemöglichkeiten.

```
1 1 2 4
0 1 2 5
0 0 1 3
0 0 0 1
. . . .
```

b) Analog zu Teil a erhalten wir folgende Ausschnitte beim Start in der zweiten (links) bzw. dritten Zeile (rechts):

```
0 1 2 5     0 0 1 3
1 1 3 7     0 1 2 6
0 1 2 6     1 1 3 7
0 0 1 3     0 1 2 6
0 0 0 1     0 0 1 3
0 0 0 0     0 0 0 1
· · · ·     · · · ·
```

Demnach gibt es insgesamt 22 bzw. 26 Lesemöglichkeiten, also neun bzw. 13 Möglichkeiten mehr als in Teil a.

c) Für die Startzeile 10 gibt es wie in Teil a 13 Möglichkeiten, für Zeile 9 bzw. 8 entsprechend 22 und 26 Möglichkeiten. Für die übrigen vier Startzeilen gibt es bei analoger Zählung jeweils 27 Lesarten, also insgesamt
$$2 \cdot 13 + 2 \cdot 22 + 2 \cdot 26 + 4 \cdot 27 = 230 \text{ Lesemöglichkeiten.}$$

19.5 L-3.5 Schlangenfamilie (051212)

a) Für den Kopf kommen die Zahlen von 10 bis 99, also 90 Zahlen, in Frage. Für den Körper sind die Zahlen von 100 bis 999 möglich, also 900 Zahlen. Da es zu jeder Kopfzahl jeweils 900 Körperzahlen gibt, gibt es $90 \cdot 900 = 81\,000$ Schlangen dieser Form.

b) Als Kopfzahl erhalten wir wegen der Quersumme fünf folgende Möglichkeiten: 14, 23, 32, 41, 50. Für Körperzahlen mit Quersumme 6 gibt es die folgenden 21 Möglichkeiten:
105, 114, 123, 132, 141, 150, 204, 213, 222, 231, 240, 303, 312, 321, 330, 402, 411, 420, 501, 510, 600. Damit gibt es $5 \cdot 21 - 2 = 103$ weitere Familienmitglieder.

c) Hier gibt es mehrere Lösungen, zwei davon seien genannt:
Wählen wir für Kopf- und Körperzahl jeweils die Quersumme 2, so erhalten wir mit den Kopfzahlen 20 und 11 und den Körperzahlen 101, 110 und 200 genau sechs Schlangen in dieser Familie.
Wählen wir $QS = 6$ für die Kopfzahl und $QS = 1$ für die Körperzahl, so erhalten wir mit den Kopfzahlen 15, 24, 33, 42, 51 und 60 sowie der Körperzahl 100 genau sechs Schlangen in dieser Familie.

19.6 L-3.6 Orthogo (061212)

a) Schreiben wir an jede Kreuzung die Anzahl der Wege von B zu einem Punkt, so erhalten wir bei S den gesuchten Wert 210. Die jeweilige Anzahl ermitteln wir durch Addition der benachbarten Zahlen darüber und links davon, denn nur

Abb. 19.2 Orthogo

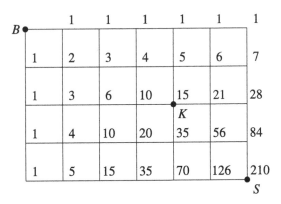

von diesen Kreuzungspunkten können wir umwegfrei zum betrachteten Punkt kommen (Abb. 19.2).

b) Entsprechend Teil a gibt es 15 Wege von B nach K und sechs Wege von K nach S. Da wir jeden Weg von B nach K mit jedem von K nach S verknüpfen können, müssen wir zur Lösung beide Anzahlen multiplizieren. Ben kann also genau $15 \cdot 6 = 90$ verschiedene Wege gehen.

19.7 L-3.7 Nummerieren von Brüchen (061213)

a) Die Brüche werden mit ansteigendem Nenner geordnet. Bei gleichen Nennern wird zuerst der Bruch mit dem kleineren Zähler genannt.

b) Es gibt einen Bruch mit Nenner 2, zwei Brüche mit Nenner 3, drei Brüche mit Nenner 4, ... usw. Insgesamt sind das $1 + 2 + 3 + \cdots + 10 = 55$ Brüche mit einem Nenner ≤ 11. Der nächste Bruch $\frac{1}{12}$ hat also die Nummer 56.

c) Wenn wir wie in Teil b die ersten natürlichen Zahlen addieren, erhalten wir schließlich $1 + 2 + 3 + \ldots + 26 = 351$ Brüche mit Nennern ≤ 27.
Der Bruch mit der Nummer 356 lautet somit $\frac{5}{28}$.

19.8 L-3.8 Gummibärchen (061222)

a) Wenn Lisa großes Pech hat, greift sie $(27 + 18 + 25 =)70$-mal in die Tüte und bekommt alle anderen, nur kein einziges grünes Bärchen. Beim nächsten Hineingreifen sind nur noch grüne Bären in der Tüte. Sie muss also höchstens 71-mal ein Bärchen aus der Tüte holen, um schließlich mindestens ein grünes zu erhalten.

b) Im ungünstigsten Fall bleiben wie in Teil a schließlich nur noch alle Bärchen einer
   Farbe in der Tüte übrig. Da die wenigsten Bärchen weiß sind, tritt der ungünstigste
   Fall auf, wenn nur noch die 18 weißen Bären in der Tüte zurückbleiben, also nach
   $(27 + 33 + 25 =)85$ Ziehungen. Spätestens nach 86-maligem Hineingreifen hat
   Lisa ein Gummibärchen von jeder Farbe.

c) Im ungünstigsten Fall hat sie nach acht Ziehungen genau zwei Bären von jeder
   Farbe. Bei der darauffolgenden neunten Ziehung bekommt sie dann sicher den
   dritten Bären einer Farbe. Wenn sie mindestens drei einer bestimmten Farbe, z. B.
   Weiß, ziehen wollte, müsste sie eventuell bis zu 88-mal in die Tüte greifen.

19.9 L-3.9 Fallobst (051321)

Bevor Eva ihre Äpfel verteilt, befinden sich 55 Äpfel in den drei Körben. Aus der
Aufgabenstellung erhalten wir:

1) Da Eva ihre Äpfel gleichmäßig auf drei Körbe verteilt, muss die Anzahl der Äpfel
   von Eva ein Vielfaches von 3 sein.

2) Da sich am Schluss im zweiten Korb doppelt so viele Äpfel wie im ersten und im
   dritten Korb doppelt so viele wie im zweiten, also viermal so viele Äpfel wie im
   ersten, befinden, beträgt die Gesamtzahl aller Äpfel das Siebenfache des Inhalts
   des ersten Korbs. Also muss die Gesamtzahl ein Vielfaches von 7 sein.

Wir fassen zusammen. Addieren wir zu 55 ein Vielfaches von 3, so muss das Ergebnis
ein Vielfaches von 7 sein. Von den Vielfachen von 7, also 56, 63, 70, 77, 84, 91, . . .
kommen für die Gesamtzahl wegen Bedingung (2) nur folgende Zahlen in Frage:

$$70 = 7 \cdot 10 = 55 + 3 \cdot 5, \; 91 = 7 \cdot 13 = 55 + 3 \cdot 12, \ldots$$

- Beträgt die Gesamtzahl 70, befinden sich zehn Äpfel im ersten Korb, davon fünf
  von Eva und drei von Maja. Im zweiten Korb befinden sich 20, davon fünf von
  Eva; allerdings hat Maja daraus fünf entnommen. Im dritten Korb befinden sich
  40, davon fünf von Eva und zwei von Maja. Also hatte Stefan am Anfang in den
  ersten Korb zwei, in den zweiten Korb 20 und in den dritten Korb 33 Äpfel gelegt.
- Würde die Gesamtzahl 91 betragen, befänden sich 13 im ersten Korb, davon zwölf
  von Eva und drei von Maja. Dies ist aber nicht möglich, da $13 < 12 + 3$ ist.
  Gleiches gilt für noch größere Zahlen als 91.

19.10 L-3.10 Die Wege des Königs (061411)

Schreiben wir in jedes Feld die Anzahl der Wege, die vom Ausgangsfeld links oben
zu diesem Feld führen, so gilt zunächst:

Abb. 19.3 Die Wege des
Königs

E	1	2	4	9	21
1	1	2	5	12	30
2	2	1	3	9	25
4	5	3	1	4	14
9	12	9	4	1	5
21	30	25	14	5	1

E	1	2		
1	1	2		
2	2	1		

Beim Übergang zum nächsten Buchstaben müssen wir die Anzahlen der Felder addieren, von denen aus wir mit einem Königszug diesen einzelnen Buchstaben erreichen können. Betrachten wir z. B. die Buchstaben L der vierten Zeile:

L_1	L_2	L_3	L_4
$2 + 2 = 4$	$2 + 2 + 1 = 5$	$2 + 1 = 3$	1

Insgesamt erhalten wir schließlich die Verteilung der Anzahlen aus Abb. 19.3. Addieren wir nun die Zahlen in den Feldern am rechten und unteren Rand, so bekommen wir $(21 + 30 + 25 + 14 + 5) \cdot 2 + 1 = 191$ als Anzahl aller Lesarten.

19.11   L-3.11 Dreieckelei (051421)

Wir betrachteten zunächst nur die linke Hälfte des Dreiecks (Abb. 19.4). Wir erkennen, dass jeder Kreuzungspunkt aus waagerechten und senkrechten Linien mit Ausnahme auf der linken Seite des großen Dreiecks Eckpunkt von genau einem Dreieck ist, dessen eine Seite auf der linken Seite des großen Dreiecks liegt. Es genügt deshalb die Kreuzungspunkte abzuzählen:

$$5 + 4 + 3 + 2 + 1 = 15$$

Aus Symmetriegründen gibt es in der rechten Hälfte ebenso 15 Kreuzungspunkte. Es fehlen noch die Dreiecke in der Mitte, die in die linke und rechte Hälfte des großen

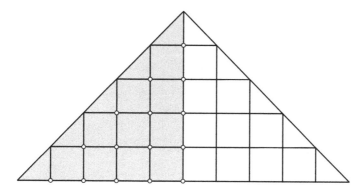

Abb. 19.4 Dreieckelei

Dreiecks hineinreichen. Davon gibt es fünf. Insgesamt sind damit in der Figur 35 kleinere Dreiecke enthalten.

Ist das Dreieck 20 Kästchenlängen breit, so erhalten wir in der linken Hälfte $10 + 9 + 8 + 7 + 6 + 5 + 4 + 3 + 2 + 1 = 55$, in der rechten Hälfte auch 55 und in der Mitte zehn Dreiecke, also insgesamt 120 Dreiecke.

Kapitel 20
Was zum Tüfteln

20.1   L-4.1 16 Schafe (050811)

Abb. 20.1 zeigt sechs Lösungen.

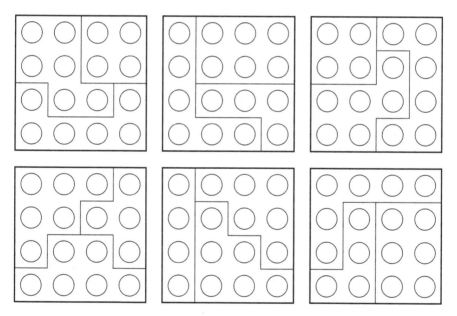

Abb. 20.1 16 Schafe

© Springer-Verlag GmbH Deutschland, ein Teil von Springer Nature 2020
P. Jainta und L. Andrews, *Mathe ist wirklich noch viel mehr,*
https://doi.org/10.1007/978-3-662-61460-0_20

20.2   L-4.2 Dreh dich Würfel (050823)

1) Drehen von drei Würfeln: Liegen bei einem der Würfel die Augenzahlen 1 und
   6 auf der Achse, so kann man ihn so drehen, dass die Augenzahl 3 oben liegt.
   Liegen 3 und 4 auf der Achse, dreht man die 6 nach oben. Wenn 2 und 5 auf der
   Achse liegen, kann man entweder die 3 oder die 6 nach oben drehen. Deshalb
   besteht die oben sichtbare dreistellige Zahl nur aus den Ziffern 3 und 6, ist also
   durch 3 teilbar.
2) Drehen des ersten Würfels: Zeigen der zweite und der dritte Würfel eine der
   Augenzahlen 2 oder 5, so beträgt die Quersumme der beiden Augenzahlen 4, 7
   oder 10. Deshalb muss sich der erste Würfel auf 2 oder 5 drehen lassen, damit
   die Quersumme durch 3 teilbar ist. Dies ist aber nicht möglich, wenn 2 und 5 auf
   der Achse liegen.

20.3   L-4.3 Glasmurmeln (050911)

Wir betrachten den ganzen Ablauf rückwärts: Erika bekommt als Letzte vom Rest
die Hälfte und eine halbe Murmel. Da sechs Murmeln übrig bleiben, hat Erika von 13
Murmeln die Hälfte und eine halbe, also sieben Murmeln erhalten. Nach der Verteilung an Doris waren deshalb 13 Murmeln übrig. Damit hat Doris von 27 Murmeln die
Hälfte und eine halbe, also 14 Murmeln, bekommen. Nach der Verteilung an Christa
waren deshalb 27 Murmeln übrig. Damit hat Christa von 55 Murmeln die Hälfte und
eine halbe, also 28 Murmeln, erhalten. Nach der Verteilung an Britta waren deshalb
55 Murmeln übrig. Damit hat Britta von 111 Murmeln die Hälfte und eine halbe,
also 56 Murmeln, abbekommen.

Demnach waren am Anfang 111 Murmeln in Annas Korb.

20.4   L-4.4 Palindrome der Digitaluhr (060922)

Bei einstelliger Stundenzahl n gibt es die sechs Palindrome $n : 0n$, $n : 1n$, ... $n : 5n$,
wobei n eine der zehn Ziffern 0, 1, 2, ... 9 ist.

Es gibt also $6 \cdot 10 = 60$ solcher Palindrome.

Ist die Stundenzahl zweistellig, so treten noch die folgenden zehn Palindrome auf:
10 : 01, 11 : 11, 12 : 21, 13 : 31, 14 : 41, 15 : 51, 20 : 02, 21 : 12, 22 : 22
und 23 : 32.

Insgesamt zeigt die Digitaluhr innerhalb von 24 h genau 70 Palindrome an.

20.5 L-4.5 Der Bücherwurm (061022)

Sehen wir auf die drei Bände von oben, so erkennen wir, dass der Wurm sich nur durch vier harte Umschläge und in den Bänden II und III durch $400 + 120 = 520$ Seiten, also 260 Blätter, bohrt. Für die vier Umschläge benötigt er $4 \cdot 3\,\text{h} = 12\,\text{h}$. Wenn der Wurm in 4 h 80 Blätter durchknabbert, schafft er stündlich 20 Blätter. Für die 260 Blätter braucht er also 13 h und insgesamt benötigt er $12 + 13 = 25$ h.

20.6 L-4.6 Zahlensymmetrie (061023)

Durch gleichsinnige Kommaverschiebung erhalten wir: $REGAL \cdot 4 = LAGER$.

Da Lager und Regal gleich viele Stellen haben und keine Anfangsnullen zugelassen sind, kann R nur den Wert 1 oder 2 haben. Andererseits ist die Endziffer von $4 \cdot L$, also R, geradzahlig $\Rightarrow R = 2$.

Wegen $L \geq 4 \cdot R = 8$ (Hunderttausenderstelle) und weil $4 \cdot L$ die Endziffer 2 hat, muss $L = 8$ gelten und auf der Zehnerstelle ein Übertrag von 3 entstehen.

Demnach gilt für die Zehnerstelle: $4 \cdot A + 3$ hat eine ungerade Endziffer E. Da $4 \cdot R$ ohne Übertrag L ergibt, muss andererseits $4 \cdot E$ zuzüglich eines möglichen Übertrags die einstellige Zahl A ergeben. Dies ist nur für $E = 1$ und $A = 7$ möglich.

Auf der Zehnerstelle liefert daher $4 \cdot A + 3$ den Übertrag 3, der zu $4 \cdot G$ addiert ebenso den Übertrag 3 liefern muss. Für die Hunderterstelle gilt daher $4 \cdot G + 3 = 30 + G$, also $3 \cdot G = 27$, weshalb $G = 9$ ist.

Die einzige Lösung lautet somit: $21{,}978 \cdot 4 = 87{,}912$.

20.7 L-4.7 Buchstaben und Zahlen (051111)

a) Ist $S + I < 10$, d. h. erfolgt kein Übertrag, dann muss wegen $N < 10$ gelten: $N + E = E$. Daraus folgt sofort, dass $N = 0$ sein muss. Da $N + E < 10$, kann auch von den Zehnern kein Übertrag erfolgen. Da $R < 10$, muss gelten: $I + R = I$, d. h., es ist $I = 0$. Dieselbe Ziffer darf aber nicht von zwei verschiedenen Buchstaben belegt werden, also gibt es in diesem Fall keine Lösung.
   Ist $S + I \geq 10$, so gilt wegen $N \geq 0$, $N + E + 1 = E + 10$, also ist $N = 9$. Wegen des Übertrags folgt dann ebenso $I + R + 1 = I + 10$, woraus sich $I = 9$ ergibt, was nicht erlaubt ist.
b) Wegen $E + V \leq 17$, muss $F = 1$ sein. Daraus ergibt sich $S + R = 11$ mit dem Übertrag 1. Für die Zehner muss deshalb gelten: $N + E + 1 = N + 10$, d. h. $E = 9$. Für die Hunderter erhält man wegen des Übertrags $I + I + 1 = 9$, also ist $I = 4$.

Tim:

Tom:

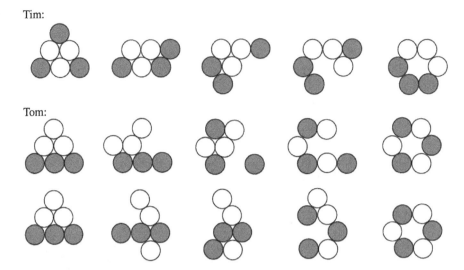

Abb. 20.2 Mühlesteineverschieben

Die Quersumme von $FUENF$ soll kleiner als 14 sein: $1 + U + 9 + N + 1 < 14$.
Dies ist wegen $E = 9$ und $V > 1$ nur für $U = 2$ und $N = 0$ möglich. Damit
ergibt sich $V = 3$. Wegen $S + R = 11$ bleiben nur $S = 5$ und $R = 6$ bzw. $S = 6$
und $R = 5$. Wir erhalten somit die zwei Lösungen
$9\,405 + 3\,496 = 12\,901$ bzw. $9\,406 + 3\,495 = 12\,901$.

20.8 L-4.8 Mühlesteinschieben (051113)

Abb. 20.2 zeigt eine mögliche Lösung (in vier Zügen) für Tim und zwei mögliche
Lösungen (in vier Zügen) für Tom.

20.9 L-4.9 Murmelsalat (061122)

Verteilen wir eine Kugel mehr, also 2 004 Kugeln, und legen diese zusätzliche Kugel
zum Rest, so enthält der Rest genauso viele Kugeln wie jede Schachtel.
Sind in jeder der n Schachteln genau k Kugeln, so muss gelten:

$2\,004 = n \cdot k + k = (n + 1) \cdot k$, wobei $k > 1$ sein muss, denn der Rest hatte
ursprünglich mindestens eine Kugel. Mit $2\,004 = 2 \cdot 2 \cdot 3 \cdot 167$ ergeben sich folgende
Lösungen:

Kugeln (k) je Schachtel	2	3	4	6	12	167	334	501	668	1 002
$n+1 = 2\,004 \div k$	1 002	668	501	334	167	12	6	4	3	2
Anzahl (n) der Schachteln	1 001	667	500	333	166	11	5	3	2	1

Es gibt also zehn Lösungen.

20.10 L-4.10 Leichte und schwere Kugeln (051213)

Die sechs Kugeln K_1, K_2, K_3, K_4, K_5 und K_6 haben die Gewichte k_1, k_2, k_3, k_4, k_5 und k_6. Wir schreiben z. B. $k_3 < k_5$, wenn die Kugel K_3 leichter als die Kugel K_5 ist. Sind die beiden Kugeln K_2 und K_4 gleich schwer, schreiben wir $k_2 = k_4$.

Anja führt zunächst zwei Wägungen aus; bei der ersten Wägung vergleicht sie K_1 mit K_2, bei der zweiten Wägung K_2 mit K_3.

Ergebnis der ersten Wägung (1)   Ergebnis der zweiten Wägung (2)

a) $k_1 = k_2$ oder   a) $k_2 = k_3$ oder
b) $k_1 < k_2$ oder   b) $k_2 < k_3$ oder
c) $k_1 > k_2$ c) $k_2 > k_3$

In den Fällen 1a und 2a sind die Kugeln K_1, K_2 und K_3 bereits gleich schwer, ein Vergleich von K_3 mit K_4 zeigt, ob K_1, K_2 und K_3 die leichteren oder die schwereren Kugeln sind. Die Ergebnisse der dritte Wägung sehen dann so aus:

a) $k_3 < k_4$ oder
b) $k_3 > k_4$

In allen anderen Fällen (z. B. 1a, 2c) hat Anja entweder zwei schwere Kugeln (z. B. K_1, K_2) und eine leichte K_3 oder zwei leichte Kugeln und eine schwere. Mit der dritten Wägung muss sie also die fehlende dritte schwere bzw. dritte leichte Kugel finden. Deshalb vergleicht sie K_4 mit K_5:

Die Ergebnisse ihre dritten Wägung (3) sind dann:

a) $k_4 = k_5$ oder
b) $k_4 < k_5$ oder
c) $k_4 > k_5$

Im Fall 3a muss K_6 zu den zwei schweren bzw. zu den zwei leichten Kugeln gehören. In den Fällen 3b und 3c ist entweder K_4 oder K_5 die fehlende dritte Kugel. Die Kugel K_6 hat dann das Gewicht der beiden anderen Kugeln.

Die leichteren Kugeln müssen dann 200 g, die schwereren 220 g wiegen.

20.11   L-4.11 Obstsalat (051312)

Eine von mehreren möglichen Lösungen könnte so aussehen:
A, B und P bedeuten jeweils ein Apfel, eine Birne und ein Pfirsich. Zwei Birnen und ein Apfel wiegen so viel wie zwei Pfirsiche: $BBA = PP$.

Auf beiden Seiten ergänzen wir je zwei Birnen: $BBBBA = BBPP$.

Da vier Äpfel ebenso viel wiegen wie fünf Birnen, ist ein Apfel schwerer als eine Birne. Ersetzen wir den Apfel durch eine Birne, wird die linke Seite leichter: $BBBBB < BBPP$. Nun können wir die fünf Birnen durch vier Äpfel ersetzen: $AAAA < BPBP$.

An der Stellung ändert sich nichts, wenn wir auf jeder Seite die Hälfte wegnehmen: $AA < BP$. Also sind der Pfirsich und die Birne schwerer als die zwei Äpfel.

20.12   L-4.12 Schachbrett – mal anders betrachtet (061311)

a) Es gibt elf Figuren mit unterschiedlicher Form (Abb. 20.3a).
b) Die Figur besteht aus mindestens drei und höchstens neun Feldern (Abb. 20.3b).

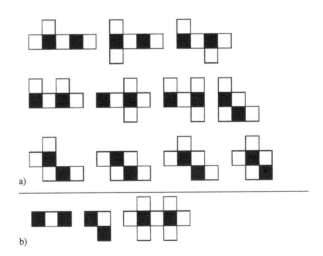

Abb. 20.3 Schachbrett – mal anders betrachtet

20.13 L-4.13 Der Recyclingkalender (061322)

Wegen $365 = 52 \cdot 7 + 1$ bzw. $366 = 52 \cdot 7 + 2$ wandert Neujahr nach einem Normaljahr um einen, nach einem Schaltjahr um zwei Wochentage weiter.

a) 2005 ist ein Normaljahr. Nach vier Jahren (inklusive dem Schaltjahr 2008) ist Neujahr um $3 \cdot 1 + 1 \cdot 2 = 5$ Wochentage weitergerutscht. Zwei Jahre später – in dieser Zeit tritt kein weiteres Schaltjahr auf – ist Neujahr gegenüber 2005 um insgesamt sieben Tage gewandert, weshalb Neujahr (und damit jeder weitere Tag des Jahres) auf den gleichen Wochentag wie 2005 fällt. Der Kalender von 2005 kann also 2011 wiederverwendet werden.

b) 2004 war ein Schaltjahr, weshalb der Kalender wiederum nur in einem Schaltjahr verwendet werden kann. Von einem Schaltjahr zum nächsten wandert Neujahr um fünf Wochentage weiter. Nach n Vierjahreszeiträumen wandert Neujahr um $5n$ Wochentage weiter. Erst wenn $5n$ durch 7 teilbar ist, fällt Neujahr in einem Schaltjahr wieder auf den gleichen Wochentag wie 2004. Dies tritt zum ersten Mal bei $n = 7$, also nach $4 \cdot 7 = 28$ Jahren, ein. Dann schreiben wir das Jahr 2032.

20.14 L-4.14 Der fünfte Advent (061412)

a) Brennplan für Pentagonien:

Kerze	A	B	C	D	E
1. Advent	×				
2. Advent	×	×			
3. Advent			×	×	×
4. Advent		×	×	×	×
5. Advent	×	×	×	×	×

b) In Sextanien benötigen wir mindestens

$$1 \cdot \frac{1}{3} + 2 \cdot \frac{1}{3} + 3 \cdot \frac{1}{3} + 4 \cdot \frac{1}{3} + 5 \cdot \frac{1}{3} + 6 \cdot \frac{1}{3} = 21 \cdot \frac{1}{3} = 7 \text{ Kerzen.}$$

Der folgende Brennplan zeigt, dass sieben Kerzen auch ausreichen.

Kerze	A	B	C	D	E	F	G
1. Advent	×						
2. Advent	×	×					
3. Advent	×	×	×				
4. Advent				×	×	×	×
5. Advent			×	×	×	×	×
6. Advent		×	×	×	×	×	×

× = Diese Kerze brennt zu einem Drittel ab.

20.15   L-4.15 Sonntagskinder (061421)

2004 war ein Schaltjahr. Wegen des eingeschobenen Schalttags (29. Februar) zwischen den Geburtstagen feiern beide nur in Schaltjahren am gleichen Wochentag Geburtstag. Da 365 Tage genau 52 Wochen und ein Tag sind, wandert der Wochentag von Bernds Geburtstag in einem Normaljahr um einen Tag gegenüber dem Vorjahr weiter. In einem Schaltjahr verschiebt sich der Wochentag um zwei Tage und von einem Schaltjahr zum nächsten um $3 \cdot 1 + 2 = 5$ Tage. Damit beide Geburtstage wieder auf einen Sonntag fallen, müssen so viele 4-Jahres-Zyklen verstreichen, bis das entsprechende Vielfache von 5 durch 7 teilbar ist. Dies ist erstmals nach sieben Zyklen der Fall, also nach $7 \cdot 4 = 28$ Jahren. Anna und Bernd haben alle 28 Jahre jeweils an einem Sonntag Geburtstag. Da dies für beide erstmals (nach der Geburt) im Jahr 2004 stattgefunden hat, sind sie also 28 Jahre alt, und somit im Jahr 1 976 geboren.

Kapitel 21
Logisches und Spiele

21.1 L-5.1 Die Lügeninsel (060811)

Die Antworten („Gestern war Lügentag (L)" bzw. „Gestern war Wahrheitstag (W)")
für jeden Wochentag lauten bei einem Mann bzw. einer Frau wie folgt:

Wochentag	Mann				Frau		
	Vortag	Heute	$\Rightarrow$	Antwort	Vortag	Heute	$\Rightarrow$ Antwort
Montag	W	L		L	W	W	W
Dienstag	L	W		L	W	W	W
Mittwoch	W	L		L	W	W	W
Donnerstag	L	W		**L**	W	L	**L**
Freitag	W	L		L	L	L	W
Samstag	L	W		L	L	L	W
Sonntag	W	W		W	L	W	L

Nur am Donnerstag antworten beide mit „L", weshalb das Gespräch an einem Donnerstag stattgefunden hat.

21.2 L-5.2 Familie Kreis (060921)

Da der Vater älter als die Kinder ist, ergeben sich aus der Primfaktorzerlegung
$2\,450 = 2 \cdot 5 \cdot 5 \cdot 7 \cdot 7$ die Altersverteilungen (geordnet nach dem Alter des jüngsten
Kindes; Tab. 21.1).

a) Da Anna Bruch 27 Jahre alt ist, muss die Alterssumme 54 betragen, weshalb Herr
   Kreis 35 Jahre und die beiden Kinder 5 und 14 Jahre alt sind.
b) Frau Kreis kann nur dann das Rätsel zunächst nicht lösen, wenn sie $64 \div 2 = 32$
   Jahre alt ist (zwei gleiche Alterssummen!). Auf Grund der Zusatzinformation
   sind die Kinder von Frau Bruch keine Zwillinge, sondern fünf und zehn Jahre alt.

© Springer-Verlag GmbH Deutschland, ein Teil von Springer Nature 2020
P. Jainta und L. Andrews, *Mathe ist wirklich noch viel mehr*,
https://doi.org/10.1007/978-3-662-61460-0_21

Tab. 21.1 Familie Kreis

2. Kind	2	2	2	5	5	5	7	7	7
1. Kind	5	7	25	5	10	14	7	10	14
Vater	245	175	49	98	49	35	50	35	25
Summe	252	184	76	108	64	54	64	52	46

Hinweis: Die Annahme, dass man erst mit sieben Jahren Flöte spielen kann, ist unzulässig (vgl. W.A. Mozart).

21.3 L-5.3 Quadrathopserei (051013)

a) Lösung für Figur *a* mit sechs Zügen: D4–A4, A1–B1–B4, A4–A1, C1–B1, B4–B2.
b) Lösung für Figur *b* mit fünf Zügen: A1–B1, D4–A4, C1–C4-B4–B2.
   Lösung für Figur *c* mit vier Zügen: C1–B1, A1–A4, D4–B4-B2.
c) Lösung mit sechs Zügen: C1–D1, D4–D2, D2–A2, A1–C1, D1–D4, A2–A1.
   Dabei landet die Figur *a* auf dem Startplatz C1 von *b*, Figur *b* auf dem Startplatz D4 von *c* und Figur *c* auf dem Startplatz A1 von *a*.
   Eine weitere Lösung mit sechs Zügen:
   A1–B1–B4, D4–C4, C1–A1, C4–C1, B4–D4.
   Dabei endet die Figur *a* auf dem Startplatz D4 von *c*, Figur *b* auf dem Startplatz A1 von *a* und Figur *c* auf dem Startplatz C1 von *b*.

21.4 L-5.4 Der mit der Zahl tanzt (061221)

Wir können den Text kurz in folgende Aussagen zusammenfassen:

	Bernds Vorschlag:	Antwort von Anna:
(1)	1 6 2 4 3 5	eine Stelle richtig
(2)	1 6 2 4 5 3	keine Stelle richtig
(3)	4 2 6 1 5 3	eine Stelle richtig
(4)	2 4 6 5 3 1	drei Stellen richtig
(5)	4 2 5 1 3 6	keine Stelle richtig

Bei (1) und (2) stimmen die ersten vier Ziffern überein und sind alle falsch, weshalb entweder die 5 am Schluss oder die 3 als vorletzte Ziffer richtig ist. Wegen (5) kann die 3 nicht an vorletzter Stelle sein, also gilt sicher: _ _ _ _ _ 5.

Abb. 21.1 Schiffe
versenken

2				3						2
2				3	5					3
2		8		3						3
					×					1
0	4									2
0	4	9	1							4
0			1							2
0	6	6	1							4
0			1			7	7			1
	×									1
5	3	4	2	1	3	4	2	1	1	

Bei (4) können weder die 5 (die Ziffer steht hinten!) noch die 1 (an dessen Stelle
steht ja die 5) noch die 3 (bei (5) kann die Ziffer 3 nicht an vorletzter Stelle stehen)
richtig angeordnet sein, weshalb die ersten drei Ziffern korrekt sein müssen. Damit
gilt: 2 4 6 __.

Für die 3 bleibt wegen (5) nur noch die vierte Stelle übrig, und die 1 muss daher die
vorletzte Ziffer sein. Die Lösung lautet somit: 246 315.

21.5 L-5.5 Schiffe versenken (051311)

Das Fünferboot passt nur in die erste Spalte. Die Lage ist durch die 1 in den Zeilen
4 und 10 festgelegt. Der Zerstörer kann nur in der siebten Spalte sein. Wegen der 1
in der zehnten Zeile sowie der Wasserfelder um das U-Boot, ist die Lage eindeutig.
Wegen der 3 in der zweiten Spalte und der Lage des Wassers um den Flugzeugträger
ist ein Dreierboot festgelegt. Genauso können wir auf die Plätze der restlichen Schiffe
in der angegeben Reihenfolge schließen.
   Abb. 21.1 zeigt die Lage der Schiffe.

Kapitel 22
Geometrisches

22.1 L-6.1 Sechsecke zerlegen (050913)

Mögliche Lösungen sind in Abb. 22.1 zu sehen.

a) Im linken Teil der Abbildung ist eine Zerlegung mit einem Dreieck dargestellt.
b) Im rechten Teil der Abbildung sind zwei Zerlegungen ohne Dreieck dargestellt.

22.2 L-6.2 Supernette Zahlen (051122)

a) Abb. 22.2 zeigt, dass die Zahlen 7, 11 und 15 nett sind.
b) Jede gerade Zahl lässt sich als Summe aus 1 und einer ungeraden Zahl schreiben,
   z. B. $12 = 1 + 11$. Von den elf gleich großen Quadraten kann daher eines rechts
   unten platziert, fünf davon nach oben und fünf nach links ergänzt werden (vgl. die
   Lösung in Teil a für 15). Diese Figur lässt sich dann durch ein einziges Quadrat
   zu einem großen Quadrat ergänzen.
c) Gleich große Quadrate können nur dann zu einem Quadrat ergänzt werden wenn
   ihre Anzahl eine Quadratzahl ist, somit ist jede Quadratzahl supernett, andere
   supernette Zahlen kann es nicht geben. Daraus ergibt sich, dass eine Zahl, die

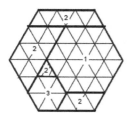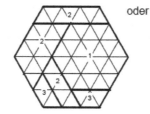oder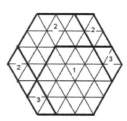

Abb. 22.1 Sechsecke zerlegen

© Springer-Verlag GmbH Deutschland, ein Teil von Springer Nature 2020
P. Jainta und L. Andrews, *Mathe ist wirklich noch viel mehr*,
https://doi.org/10.1007/978-3-662-61460-0_22

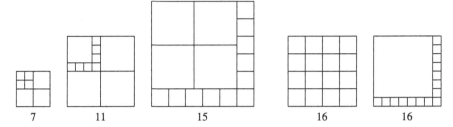

7   11   15   16   16

Abb. 22.2 Supernette Zahlen

Abb. 22.3 Briefmarken

supernett und gleichzeitig doppeltnett ist, eine gerade Quadratzahl (größer als 4) sein muss, etwa 16. Das erste Quadrat besteht aus 16 kleineren Quadraten, also ist 16 supernett. Das zweite Quadrat besteht aus zwei verschieden großen Quadraten, einem großen und 15 kleineren. Also ist 16 auch eine doppeltnette Zahl (Abb. 22.2, die beiden letzten Quadrate)

22.3   L-6.3 Briefmarken (061312)

Bei jeder Anordnung der drei Marken muss eine die Gesamtlänge 6 cm oder die Gesamtbreite 5 cm einnehmen. Da diese Marke weniger als das halbe Rechteck überdecken darf, muss die zweite Seite kleiner als 3 cm sein.

Ist diese Marke 1 cm breit, so kann sie nur die kleinste der drei Marken sein. Wäre sie eine der beiden größeren, so kann die Gesamtfläche nur kleiner als $3 \cdot 5 \, \text{cm}^2 = 15 \, \text{cm}^2$ oder $3 \cdot 6 \, \text{cm}^2 = 18 \, \text{cm}^2$ sein. Bei $5 \cdot 1 \, \text{cm}^2$ wäre die Restfläche 25 cm² groß, aber nicht in zwei gleich große Teile zerlegbar. Bei $6 \cdot 1 \, \text{cm}^2$ beträgt die Restfläche 24 cm², jede der beiden anderen Marken ist also 12 cm² groß. Wegen der unterschiedlichen Form muss eine Marke 6 cm $\cdot$ 2 cm, die andere 4 cm $\cdot$ 3 cm messen. Die dritte Möglichkeit, 12 cm $\cdot$ 1 cm, ist zu lang. Diese drei Marken 6 cm $\cdot$ 1 cm, 6 cm $\cdot$ 2 cm und 4 cm $\cdot$ 3 cm ergeben jedoch kein Rechteck. Bei 5 cm $\cdot$ 2 cm hätten alle drei Marken unerlaubt die gleiche Fläche 10 cm². Ist die erste Marke 6 cm lang und 2 cm breit, so ist sie eine der beiden größeren. Die andere, gleich große Marke hat die Seiten 4 cm und 3 cm. Für die kleinere bleibt noch eine Fläche von 6 cm². Sie kann nach obigen Überlegungen nicht 1 cm breit sein, sondern muss die Maße 3 cm und 2 cm haben (Abb. 22.3).

Kapitel 23
Alltägliches

23.1 L-7.1 Zugverspätung (060812)

Normal fährt der Zug 80 km in 50 min, also pro Minute 80 000 m $\div$ 50 = 1600 m.

Nach 15 min hat er 15 · 1600 m = 24 000 m = 24 km zurückgelegt.

Im Unwetter muss er die Reststrecke von 56 km= 40 km + 16 km zurücklegen.

Da 16 km gerade $\frac{2}{5}$ der Stundenleistung 40 km entsprechen, braucht er dafür genau $\frac{2}{5}$ h, also 2 · 12 min = 24 min.

Für die Reststrecke benötigt er insgesamt 1 h + 24 min = 84 min.

Die gesamte Fahrzeit beträgt daher 15 min+84 min = 99 min, weshalb der Zug 99 min − 50 min = 49 min Verspätung hat.

23.2 L-7.2 Gelee-Eier (060823)

Da gefüllte Eier doppelt so viel kosten wie einfache und für beide Sorten gleich viel ausgegeben wird, ist die Anzahl der gefüllten Eier halb so groß wie die der einfachen. Insgesamt ist die Zahl aller Schokoladeneier dreimal so hoch wie die der gefüllten Eier. Die Summe aller Schokoladeneier muss also durch 3 teilbar sein.

© Springer-Verlag GmbH Deutschland, ein Teil von Springer Nature 2020
P. Jainta und L. Andrews, *Mathe ist wirklich noch viel mehr,*
https://doi.org/10.1007/978-3-662-61460-0_23

Mögliche Summen sind:

$$120 + 130 + 150 + 160 + 170 = 730$$
$$120 + 130 + 150 + 160 + 190 = 750\,(*)$$
$$120 + 130 + 150 + 170 + 190 = 760$$
$$120 + 130 + 160 + 170 + 190 = 770$$
$$120 + 150 + 160 + 170 + 190 = 790$$
$$130 + 150 + 160 + 170 + 190 = 800$$

Da nur die mit (*) gekennzeichnete Summe durch 3 teilbar ist, befinden die Gelee-Eier in der Schachtel mit der Aufschrift 170.

Die Anzahl der gefüllten Eier beträgt $750 \div 3 = 250$ (in den Schachteln mit der Aufschrift 120 bzw. 130). Die Lieferung enthält also $750 - 250 = 500$ einfache Schokoladeneier, von denen jedes $200\,\text{DM} \div 500 = 0{,}40\,\text{DM}$ kostet.

23.3   L-7.3 In der Wüste (060911)

a) Die drei Personen marschieren einen Tag lang. Danach gibt der erste Helfer je eine Tagesration an den Piloten und den zweiten Helfer ab, die nun wieder volles Gepäck haben. Mit der restlichen Ration erreicht der erste Helfer am nächsten Tag das Flugzeug. Nach dem zweiten Tag übergibt der zweite Helfer eine Ration an den Piloten, der nun wieder Verpflegung für vier Tage hat und die Oase erreichen kann. Der zweite Helfer erreicht mit den verbleibenden Rationen das Flugzeug.

b) Der Pilot legt nach einem Tagesmarsch ein Zwischenlager an, in dem er zwei Rationen deponiert, und kehrt am Tag darauf zum Flugzeug zurück. Dort startet er am nächsten Tag mit vollem Gepäck und nimmt nach einem Tag im ersten Zwischenlager eine Tagesration auf. Nachdem er einen weiteren Tag marschiert ist, lagert er in einem neuen Depot zwei Rationen ein und kehrt über das erste Lager (Aufnahme der letzten dort gelagerten Ration) zum Flugzeug zurück. Zum letzten Mal versorgt er sich frisch und geht zwei Tage lang zum zweiten Depot, nimmt die eingelagerte Verpflegung auf und erreicht nach weiteren vier Tagen die Oase.

23.4   L-7.4 Bürgermeisterwahl (060923)

Wir wandeln die Anteile in gewöhnliche Brüche um, erweitern auf den kleinsten gemeinsamen Nenner und erhalten:

Automatische Zählung: $0,29 = \frac{29}{100} = \frac{29 \cdot 33}{100 \cdot 33} = \frac{957}{3\,300}$

Herkömmliche Art: $0,29\overline{3} = 29\frac{1}{3} \div 100 = \frac{88}{300} = \frac{88 \cdot 11}{300 \cdot 11} = \frac{968}{3300}$

Nachzählung: $0,29\overline{30} = 29\frac{30}{99} \div 100 = \frac{2\,901}{9900} = \frac{967}{3\,300}$

Es wurden also insgesamt 3 300 Wahlzettel abgegeben. Genau 967 Stimmen wurden für Preis abgegeben. Der Automat zählte somit $967 - 957 = 10$ Stimmen zu wenig.

23.5 L-7.5 Das Testament (061012)

a) Die Mutter erbt dreimal so viel wie die Tochter und der Sohn neunmal so viel wie seine Schwester. Zerlegt man das Erbe in $3 + 1 + 9 = 13$ Teile zu je 91 000 € $\div 13 = 7\,000$ €, so erhält die Tochter einen Teil, also 7 000 €. Die Mutter bekommt $3 \cdot 7\,000$ € $= 21\,000$ € und der Sohn den Rest von 63 000 € .

b) Bezeichnet man wieder das Erbe der Tochter als einen „Teil", so beträgt dieser 19 500 € $\div 3 = 6\,500$ €. Wegen $91\,000 \div 6\,500 = 14$ ist das Erbe in 14 Teile zu zerlegen, wovon die Mutter drei erhält und die drei Kinder noch elf.

Diese elf Teile lassen sich im Sinne der Aufgabe nur in $1 \cdot 9 + 2 \cdot 1$ Teile zerlegen, weshalb die Drillinge zwei Mädchen und ein Junge sind.

23.6 L-7.6 System der ISBN-Zahlen (061013)

a) Die größtmögliche Prüfsumme erhält man, wenn die ersten neun Ziffern den Wert 9 haben: PS(9999-999-998)$= 9 \cdot 10 + 9 \cdot 9 + 9 \cdot 8 + 9 \cdot 7 + 9 \cdot 6 + 9 \cdot 5 + 9 \cdot 4 + 9 \cdot 3 + 9 \cdot 2 +$ $8 \cdot 1 = 9 \cdot (10 + 9 + 8 + 7 + 6 + 5 + 4 + 3 + 2) + 8 = 9 \cdot 54 + 8 = 486 + 8 = 494$. Da 494 kein Vielfaches von 11 ist (9999-999-998 ist also keine ISBN-Zahl!), muss diese Prüfsumme auf die nächstkleinere durch 11 teilbare Zahl, nämlich $484 = 44 \cdot 11$, gebracht werden. Eine mögliche ISBN-Zahl mit dieser Prüfsumme ist z. B. 8999-999-998.

b) Es ist $3 \cdot 10 + 4 \cdot 9 + 0 \cdot 8 + 1 \cdot 7 + 10 \cdot 1 = 83$. Zu 88 bzw. 99, den nächsthöheren Vielfachen von 11, fehlen noch 5 bzw. 16. Da die ungerade Zahl 5 mit der vorletzten Ziffer allein nicht erreicht werden kann, benötigt man hierzu auch die drittletzte Ziffer ($1 \cdot 3 + 1 \cdot 2 = 5$). Dagegen kann 16 durch eine 8 an vorletzter Stelle erzeugt werden. Die anderen unbestimmten Ziffern sind 0. Die gesuchte ISBN-Zahl lautet also: 3401-000-08X oder 3401-000-11X.

c) Eine alleinige Veränderung der Kontrollziffer bringt die Prüfsumme nicht mehr auf ein Vielfaches von 11. Da die vorletzte Ziffer 0 nicht verkleinert werden kann, muss die drittletzte Ziffer auf 1 gesenkt werden und dafür die vorletzte Ziffer möglichst groß werden. Durch die Absenkung von 2 auf 1 verkleinert sich die Prüfsumme um 3, was mit Hilfe der vorletzten Ziffer und der Kontrollzahl aufgehoben werden muss. Weil die vorletzte Ziffer möglichst groß sein soll, verringert man auch die Kontrollzahl so, dass die gesamte Verkleinerung der Prüfsumme durch eine hohe vorletzte Ziffer ausgeglichen werden kann. In diesem Beispiel kann man die Kontrollziffer um 7 verkleinern, so dass die gesamte Prüfsumme um $3+7 = 10$ abnimmt, was durch eine 5 an vorletzter Stelle ausgeglichen wird. Die Lösung lautet somit: 3527-735-151.

23.7   L-7.7 Handballturnier (061113)

a) Bei dem Turnier werden sechs Spiele ausgetragen, wobei für jedes Spiel mit einem Sieger drei Punkte und für jedes unentschiedene Spiel jede der beiden Mannschaften einen Punkt erhält. Es werden also insgesamt höchstens $6 \cdot 3 = 18$ Punkte erreicht und, da für jedes unentschiedene Spiel ein Punkt weniger verteilt wird, mindestens $12 = 18 - 6$.

b) Auf Grund der Punktsumme $7 + 5 + 3 + 1 = 16$ enden nach Teil a genau zwei Spiele remis. Da jede Klasse dreimal spielt, folgt aus den einzelnen Punktzahlen folgende Tabelle:

Klasse	Siege	Remis	Niederlage	Punkte
6a	–	1	2	1
6b	2	1	–	7
6c	1	2	–	5
6d	1	–	2	3

Die Spiele 6a: 6c und 6b: 6c endeten unentschieden, 6b gewann gegen die Klassen 6a und 6d, das Team von 6c besiegte 6d, und 6d triumphierte gegen 6a.

23.8   L-7.8 Der leichteste Elefant (061121)

a) Sei x das Gewicht des mittleren Kindes (in Kilogramm), so wiegen entsprechend die neun Kinder $x - 2$, $x - 1,5$, $x - 1$, $x - 0,5$, x, $x + 0,5$, $x + 1$, $x + 1,5$ und $x + 2$.
Die Addition dieser Werte ergibt $9x$, weshalb das mittlere Kind $225 \div 9 = 25$ kg wiegt, das leichteste Kind 23 kg und das schwerste 27 kg.

b) Sei x nun das Gewicht des leichtesten Elefants (in Kilogramm), so wiegen entsprechend die 89 anderen Elefanten $x+4$, $x+2\cdot4$, $x+3\cdot4$, ..., $x+89\cdot4$, zusammen also $x + (x+4) + (x+2\cdot4) + \cdots + (x+89\cdot4) = 90 \cdot x + (1+2+\cdots+89) \cdot 4$ $= 450\,000 (*)$.

Für den Wert S der Summe in der letzten Klammer gilt wegen
$2 \cdot S = (1 + 2 + \cdots + 89) + (89 + 88 + \cdots + 1)$
$= (1 + 89) + (2 + 88) + \cdots + (89 + 1) = 90 \cdot 89 = 8\,010$ schließlich $S = 4\,005$.
Damit lautet (*) $90 \cdot x + 4\,005 \cdot 4 = 90 \cdot x + 16\,020 = 450\,000$, weshalb
$90 \cdot x = 433\,980$ gilt, also der leichteste Elefant $433\,980$ kg $\div\, 90 = 4\,822$ kg
wiegt und der schwerste $4\,822$ kg $+ 89 \cdot 4$ kg $= 5\,178$ kg.

23.9 L-7.9 Telefonkette (061123)

a) Nach jedem Telefonat kennen die vier Freunde jeweils die in Tab. 23.1 angege-
benen Neuigkeiten. Die dort aufgeschriebene Reihenfolge ist eine der möglichen
Lösungen.

b) Tab. 23.2 zeigt eine Lösung.

Tab. 23.1 Telefonkette zu Teil a

	Telefonate	A	B	C	D
1	$A - B$	ab	ab	c	d
2	$C - D$	ab	ab	cd	cd
3	$A - C$	$abcd$	ab	$abcd$	cd
4	$B - D$	$abcd$	$abcd$	$abcd$	$abcd$

Tab. 23.2 Telefonkette zu Teil b

	Telefonate	A	B	C	D	E	F
1	$A - B$	ab	ab	c	d	e	f
2	$C - D$	ab	ab	cd	cd	e	f
3	$E - F$	ab	ab	cd	cd	ef	ef
4	$C - E$	ab	ab	$cdef$	cd	$cdef$	ef
5	$B - D$	ab	$abcd$	$cdef$	$abcd$	$cdef$	ef
6	$A - C$	$abcdef$	$abcd$	$abcdef$	$abcd$	$cdef$	ef
7	$D - F$	$abcdef$	$abcd$	$abcdef$	$abcdef$	$cdef$	$abcdef$
8	$B - E$	$abcdef$	$abcdef$	$abcdef$	$abcdef$	$abcdef$	$abcdef$

23.10   L-7.10 Gratisschokolade (051211)

a) Für 120 Tafeln erhalten wir 120 Marken, dafür gibt $120 \div 8 = 15$ neue Tafeln, die wiederum 15 neue Marken enthalten. Für acht davon erhalten wir eine weitere Tafel mit einer Marke. Mit dieser und den restlichen sieben bekommen wir nochmals eine Tafel, deren Marke übrig bleibt. Also gibt es insgesamt 17 Gratistafeln.

b) 2 003 Tafeln liefern $2\,003 = 250 \cdot 8 + 3$ Marken, also 250 neue Tafeln. Damit haben wir insgesamt $3 + 250 = 31 \cdot 8 + 5$ Marken. Mit den 31 Tafeln erhalten wir nun $5 + 31 = 4 \cdot 8 + 4$ Marken, also vier weitere Tafeln. Damit gibt es $4 + 4 = 8$ Marken, die zu einer weiteren Tafel führen.

Somit bekommen wir insgesamt $250 + 31 + 4 + 1 = 286$ Gratistafeln.

23.11   L-7.11 Pünktlich am Bahnsteig (061211)

Franziska und Elke wollten sich um genau 14.58 Uhr treffen. Franziska glaubt, dass ihre Uhr 20 min vor geht, lässt sich also Zeit und kommt erst an, wenn ihre Uhr 15.18 Uhr anzeigt. In Wirklichkeit geht aber ihre Uhr 5 min nach, weshalb die Bahnhofsuhr bereits 15.23 Uhr anzeigt.

Elke meint dagegen, ihre Uhr ginge 10 min nach, und beeilt sich, um bereits um 14.48 Uhr gemäß ihrer Uhr anzukommen. Tatsächlich geht ihre Uhr 15 min vor. Auf der Bahnhofsuhr ist es daher erst 14.33 Uhr.

23.12   L-7.12 Apfelsaft (051221)

Das 4-l-Gefäß bezeichnen wir mit A, das 2,5-l-Gefäß mit B und das 1,5-l-Gefäß mit C. Nun füllen Anja und Iris um.

	Gefäß A	Gefäß B	Gefäß C
Ausgangszustand	4 l	0 l	0 l
Sie füllen B mit A	1,5 l	2,5 l	0 l
Dann füllen sie C mit B	1,5 l	1 l	1,5 l
Sie gießen C in A	3 l	1 l	0 l
Danach den Inhalt von B in C	3 l	0 l	1 l
Nun füllen sie B mit A	0,5 l	2,5 l	1 l
Zum Schluss C mit B	0,5 l	2 l	1,5 l

Anja nimmt das Gefäß B und Iris die Gefäße A und C.

23.13   L-7.13 Güterzug (061223)

Die Brückenüberquerung beginnt, wenn die Zugspitze auf die Brücke gerät, und endet, wenn der letzte Wagen die Brücke verlässt. Die Zugspitze ist dann bereits 500 m weiter, hat also in 45 s genau 400 m + 500 m = 900 m zurückgelegt.

In 1 min legt sie also $(900 \div 3) \cdot 4$ m = 1 200 m zurück.

In 1 h schafft der Zug genau $60 \cdot 1\,200$ m = 72 000 m = 72 km, hat also eine Geschwindigkeit von 72 $\frac{km}{h}$. Wenn das Zugende die Brücke verlässt, ist die Zugspitze noch genau 6,5-0,5 km = 6,0 km vom Bahnhof Altdorf entfernt. Für diese Strecke braucht die Zugspitze $(6,0 \div 1,2 =)5$ min, weshalb das Zugende 5 min vor 20.04 Uhr, also genau um 19.59 Uhr, die Brücke verlassen hat.

23.14   L-7.14 Schlaue Schüler (061321)

Die Primfaktorenzerlegung von 11 776 lautet $2^9 \cdot 23$. Da der Faktor 23 nur einmal vertreten ist, kann weder die beste noch die schlechteste Punktzahl ein Vielfaches von 23 sein. (Das beste Ergebnis ist doppelt so groß wie das schlechteste.) Das beste Punktergebnis ist also eine Zweierpotenz und größer als 23, also $2^5 = 32, 2^6 = 64, \dots$. Auch das schlechteste Ergebnis ist eine Zweierpotenz und kleiner als 23, also $2^4 = 16, 2^3 = 8, \dots$ Da die höchste Punktzahl doppelt so groß wie die niedrigste ist, kommen nur die Kombinationen $2^5 = 32$ und $2^4 = 16$ in Frage, weil die Zahl 23 zwischen diesen Zweierpotenzen liegt. Wegen $32 \cdot 16 \cdot 23 = 11\,776$ hatte die Gruppe nur drei Teilnehmer mit den Punktzahlen 16, 23 und 32.

23.15   L-7.15 Das Erbe (061323)

a) Frau und Schwester erhalten $\frac{1}{4} + \frac{1}{6} = \frac{5}{12}$ des Gesamterbes. Der Sohn erbt $\frac{2}{3}$ vom Rest, nämlich $\frac{2}{3} \cdot \frac{7}{12} = \frac{7}{18}$ des Erbes.

b) Da der Sohn neben der Firma 300 000 € zugesprochen bekommt, bleiben für die anderen Erben noch 7 700 000 € übrig. Dies entspricht $1 - \frac{7}{18} = \frac{11}{18}$ des Gesamterbes. $\frac{1}{18}$ des Erbes sind daher 700 000 €. Der Anteil des Sohnes beträgt $\frac{7}{18}$ des Gesamterbes, also insgesamt 4 900 000 €. Subtrahieren wir davon das Bargeld von 300 000 €, so erhalten wir 4 600 000 € als Firmenwert.

23.16   L-7.16 Die Schule ist aus (061423)

a) Da Mutter und Tochter 10 min früher zurückkommen, entspricht Petras Gehweg
   der einfachen Fahrstrecke von 5 min, d. h., 5 min nach dem Treffen wollte die
   Mutter ursprünglich erst den Bahnhof erreichen. Das Treffen fand daher um 13.23
   Uhr statt. Zu dieser Zeit war Petra bereits 30 min unterwegs, weshalb die S-Bahn
   um 12.53 Uhr ankam.

b) Die Mutter ist auch hier 10 min weniger unterwegs, wovon sie normalerweise
   4 min wartet. Der Gehweg entspricht hier der Fahrstrecke von $(10-4) \div 2$ min
   $= 3$ min. Da die Mutter den Bahnhof um 13.24 Uhr erreichen wollte, findet das
   Treffen um 13.21 Uhr statt. Die S-Bahn ist also um 12.51 Uhr angekommen.

Kapitel 24
Der Jahreszahl verbunden

24.1   L-8.1 2 001 Fakultät (071013)

Wir zerlegen die Zahl z. Jedes Paar von Faktoren 2 und 5 erzeugt eine am Ende auftauchende Null.

Wir bestimmen die Anzahl der Faktoren 5 in der Primfaktorzerlegung von z.

Genau 400 der in z vorkommenden Faktoren sind durch 5 teilbar und liefern je einen Primfaktor 5. Genau 80 der in z vorkommenden Faktoren sind durch 25 teilbar und liefern daher je einen zusätzlichen Faktor 5. Weitere 16 der in z vorkommenden Zahlen sind durch 125 teilbar und liefern daher wieder je einen zusätzlichen Faktor 5. Drei der in z vorkommenden Zahlen sind durch 625 teilbar und liefern daher wieder je einen zusätzlichen Faktor 5. Insgesamt enthält z also 499 Faktoren 5.

Der Primfaktor 2 kommt in 1 000 geraden Faktoren jeweils mindestens einmal vor. Folglich gibt es weit mehr als 499 Primfaktoren 2 in z.

Also gibt es genau 499 Paare von Primfaktoren 2 und 5 und somit 499 Nullen am Ende von z.

24.2   L-8.2 2 001 und 2 002 (071023)

Es ist $n = 2k$ mit $k \in \mathbb{N}$. Wir erhalten

$$
\begin{aligned}
D &= G_n - U_n \\
&= (2 + 4 + 6 + \cdots + (2k)) - (1 + 3 + 5 + \cdots + (2k - 1)) \\
&= k(k + 1) - k^2 = k = 2\,001 \\
\Rightarrow n &= 4\,002.
\end{aligned}
$$

© Springer-Verlag GmbH Deutschland, ein Teil von Springer Nature 2020
P. Jainta und L. Andrews, *Mathe ist wirklich noch viel mehr,*
https://doi.org/10.1007/978-3-662-61460-0_24

Nun berechnen wir die Summe der geraden Zahlen bis einschließlich 4 002:

$$G_{4\,002} = 2 + 4 + 6 + \cdots + 4\,002$$
$$= 2 \cdot (1 + 2 + 3 + \cdots + 2\,001)$$
$$= 2 \cdot \frac{1}{2} \cdot 2\,001 \cdot 2\,002 = 2\,002 \cdot 2\,001 \quad \text{(Gauß-Summe)}$$

Für den gesuchten Quotienten Q erhalten wir somit

$$Q = \frac{G_{4\,002}}{U_{4\,002}} = \frac{G_{4\,002}}{G_{4\,002}-D} = \frac{2\,002 \cdot 2\,001}{2\,002 \cdot 2\,001 - 2\,001} = \frac{2\,002}{2\,001}.$$

24.3 L-8.3 Dritte Quersumme (081113)

a) Die Quersumme QS einer aus 2 002 Ziffern bestehenden Zahl ist höchstens $2\,002 \cdot 9 = 18\,018$. Alle Zahlen kleiner als 18 018 kommen als QS vor.

   Unter ihnen besitzt die Zahl 9 999 die größtmögliche zweite QS, nämlich 36.

   Da auch alle Zahlen kleiner gleich 36 als zweite QS vorkommen können, ist 29 die Zahl mit der größten dritten QS.

   Somit ist die größtmögliche dritte Quersumme 11.

b) Die kleinste Zahl mit QS 11 ist 29. Die kleinste Zahl mit Quersumme $29 (= 3 \cdot 9 + 2)$ ist 2 999.

   Die kleinste Zahl mit 2 002 Ziffern und Quersumme $2\,999 (= 333 \cdot 9 + 2)$ ist $100\ldots00199\ldots99$, eine Zahl mit 1 667 Nullen und 333 Neunen.

24.4 L-8.4 Antiprimzahlbeweis (071123)

$$N = 10\,000\,000\,001 = 10\,101\,010\,101 - 101\,010\,100$$
$$= 101 \cdot (100\,010\,001 - 1\,000\,100) = 101 \cdot 99\,009\,900$$
$$\Rightarrow N \text{ ist keine Primzahl}$$

Bei $Z = 1\underbrace{00\ldots00}_{2\,003\,\text{Nullen}}1$ ersetzen wir die ersten 2 000 Nullen durch 250 mal die Ziffernfolge 00 010 001 und lassen die drei letzten Nullen stehen, d. h., wir addieren die Zahl $Z_1 = \underbrace{0\,001\,000\,100\,010\,001\ldots00\,010\,001}_{250\,\text{mal}\,00010001}0\,000$

$= 10\,001\underbrace{00\,010\,001\ldots00\,010\,001}_{249\,\text{mal}\,00\,010\,001}0\,000.$

Diese Zahl ist durch 10 001 teilbar.

Die neue Zahl besteht aus 252 Einsen, die jeweils durch drei Nullen getrennt sind.

Es entsteht die Zahl $Z_2 = 1000100010001000 \ldots 1000100010001$. Auch diese ist ersichtlich durch 10 001 teilbar.

$\Rightarrow Z = Z_2 - Z_1$ ist durch 10 001 teilbar und somit keine Primzahl.

24.5 L-8.5 Gleiche Brüche (071312)

$$\frac{264}{462} = \frac{24 \cdot 11}{42 \cdot 11} = \frac{24}{42}; \frac{2664}{4662} = \frac{24 \cdot 111}{42 \cdot 111} = \frac{24}{42}$$

$$\frac{\overbrace{2\,666 \ldots 666\,4}^{2004\text{-mal }6}}{\underbrace{4\,666 \ldots 666\,2}_{2004\text{-mal }6}} = \frac{24}{42} \cdot \frac{\overbrace{1\,111 \ldots 1}^{2005\text{-mal }1}}{\underbrace{1\,111 \ldots 1}_{2005\text{-mal }1}} = \frac{24}{42}$$

Im Zähler wird jede Ziffer 6 durch $4 + 2$ ersetzt und im Nenner jede Ziffer 6 entsprechend als $2 + 4$ geschrieben. Somit ist dann auch

$$\frac{\overbrace{2\,666 \ldots 666\,4}^{2005\text{-mal }6}}{\underbrace{4\,666 \ldots 666\,2}_{2005\text{-mal }6}} = \frac{24}{42} \cdot \frac{\overbrace{1\,111 \ldots 1}^{2006\text{-mal }1}}{\underbrace{1\,111 \ldots 1}_{2006\text{-mal }1}} = \frac{24}{42}.$$

Die beiden vorgegebenen Quotienten sind folglich gleich groß.

24.6 L-8.6 Zahlenstreichen (071411)

Wir betrachten die Zahl

$$Z = 123456789101112131415161718192021 \ldots 20042005.$$

Um möglichst viele Neunen an den Anfang der neuen Zahl zu bekommen, streichen wir von vorn:

1, ..., 8 entspricht acht Ziffern.
10, ..., 18 und die 1 von 19 entspricht 19 Ziffern.
20, 28 und die 2 von 29 entspricht 19 Ziffern.
30, 38 und die 3 von 39 entspricht 19 Ziffern.
40, 48 und die 4 von 49 entspricht 19 Ziffern.
50, 58 und die 5 von 59 entspricht 19 Ziffern.
60, 68 und die 6 von 69 entspricht 19 Ziffern.
70, 78 und die 7 von 79 entspricht 19 Ziffern.
80, 88 und die 8 von 89 entspricht 19 Ziffern.

Bisher haben wir $(8 + 8 \cdot 19) = 160$ Ziffern entfernt. Nun streichen wir noch die Einerziffern von 90 bis 98 und eine Ziffer 0 bei der Zahl 100. Somit haben wir $160 + 9 + 1 = 170$ Ziffern gestrichen. Die gesuchte Zahl heißt

$$9999999999999999999910101102103104105106\ldots20042005.$$

24.7   L-8.7 Fast zehn Millionen (071412)

Alle Zahlen, die nur aus Neunen bestehen und bei denen die Anzahl der Neunen durch 7 teilbar ist, sind durch 9 999 999 teilbar. Demzufolge ist auch

$$a = \underbrace{999\ldots999}_{2\,002\text{-mal }9}00$$

durch 9 999 999 teilbar. Da $a = 10^{2\,004} - 100$ gilt und $10^{2\,004}$ die kleinste 2 005-stellige natürliche Zahl ist, ist a die größte 2 004-stellige natürliche Zahl, die durch 9 999 999 teilbar ist. Somit ist

$$a + 9\,999\,999 = 1\underbrace{000\ldots000}_{1\,997\text{-mal }0}9999899$$

die kleinste 2 005-stellige natürliche Zahl, die durch 9 999 999 teilbar ist.

24.8   L-8.8 Teilen mit Rest (1) (071421)

Die kleinste Zahl, die die geforderten Reste liefert, ist 29. Die kleinste Zahl, die ohne Rest durch 2, 3 und 5 teilbar ist, ist 30. Damit ergibt sich:

$$n = 29 + l \cdot 30 < 2\,006 \text{ mit } l \geq 0,\ l \in \mathbb{Z}$$
$$\Rightarrow l < \frac{2\,006 - 29}{30} = \frac{1\,977}{30} = 65 + \frac{27}{30}$$

Wegen $0 \leq l \leq 65$ gibt es 66 solcher Zahlen.

24.9   L-8.9 Acht in 2 006 (081421)

Die kleinste 2 006-stellige natürliche Zahl beginnt mit 1, es folgt 1 999-mal die Ziffer 0. Da von den verlangten acht verschiedenen Ziffern bereits zwei auftreten (1 und 0), sind die letzten sechs Ziffern die noch fehlenden. Es müssen aus den verbliebenen Ziffern $2, 3, 4, 5, 6, 7, 8, 9$ auf Grund der Minimalität der gesuchten Zahl zwei weitere gestrichen werden. Da die gesuchte Zahl durch 36 und damit auch durch 9 teilbar sein soll, ist auch die Quersumme durch 9 teilbar. Wenn wir die 9 weglassen, ist beim Streichen einer weiteren Ziffer wegen $0+9 = 1+8 = 2+7 = 3+6 = 4+5 = 9$ die Quersumme nicht mehr durch 9 teilbar. Die Ziffer 8 kann nicht gestrichen werden, da auch hier mit der zweiten weggelassenen Ziffer (ungleich 1) die Quersumme nicht mehr durch 9 teilbar ist. Mit 7 oder 6 müssen zugleich auch die Ziffern 2 oder 3 weggelassen werden. Damit streichen wir für die kleinste Zahl die Ziffern 4 und 5. Die letzten beiden Ziffern sollen eine aus möglichst großen Ziffern bestehende Viererzahl bilden, daher muss die letzte Ziffer gerade sein. Dies führt auf die beiden Schlussziffern 96, denn 98 ist nicht durch 4 teilbar. Folglich lautet die kleinste Zahl:

$$1\underbrace{000\ldots0000}_{1\,999-\text{mal}\,0}237896$$

Kapitel 25
Geschicktes Zählen

25.1 L-9.1 Perlenhaarbänder (081123)

Aus den Perlen in drei verschiedenen Farben lassen sich genau 39 unterschiedliche Haargummis zu fünf Perlen herstellen. Wir unterscheiden drei Fälle:

(1) Einfarbige Haargummis: Mit drei Farben können wir genau drei einfarbige Haargummis herstellen.

(2) Haargummis in zwei Farben: Bei vier gleichfarbigen Perlen und einer andersfarbigen ist es nicht von Bedeutung, wo sich die andersfarbige Perle im „Kreis" befindet. Für die erste Farbe haben wir drei Möglichkeiten, und für jede dieser Auswahlmöglichkeiten können wir uns aus den restlichen beiden Farben noch die eine andersfarbige aussuchen. Das ergibt $3 \cdot 2 = 6$ Möglichkeiten. Nehmen wir drei Perlen der ersten Farbe und zwei von der zweiten, so können die beiden Perlen der zweiten Farbe nebeneinander aufgereiht oder voneinander getrennt sein. Im zweiten Fall befinden sich zwischen ihnen auf der einen „Seite" zwei Perlen und auf der anderen „Seite" eine Perle der ersten Farbe. Für diese beiden Fälle gibt es $3 \cdot 2 + 3 \cdot 2 = 12$ Möglichkeiten.

(3) Haargummis in allen drei Farben: Nehmen wir drei Perlen einer Farbe und jeweils eine Perle von der zweiten und dritten Farbe, so haben wir genau wie in (2) die beiden Optionen, die einzelnen Perlen zu trennen oder nebeneinander anzuordnen. Dabei kann man sich nur noch die Farbe der drei gleichen Perlen aussuchen. Das sind weitere $2 \cdot 3 = 6$ Möglichkeiten.

Nehmen wir zuletzt zwei Perlen von der ersten, zwei Perlen von der zweiten und eine Perle von der dritten Farbe, so gibt es drei Möglichkeiten für die Farbwahl der einzelnen Perle. Dazu kommen vier Möglichkeiten, die beiden Paare gleichfarbiger Perlen anzuordnen: keines der beiden Paare trennen, nur das erste oder nur das zweite Paar trennen, beide Paare trennen. Insgesamt erhalten wir hier $3 \cdot 4 = 12$ Kombinationen.

Somit gibt es insgesamt $3 + 6 + 12 + 6 + 12 = 39$ Möglichkeiten.

P. Jainta und L. Andrews, *Mathe ist wirklich noch viel mehr*,
https://doi.org/10.1007/978-3-662-61460-0_25

Abb. 25.1 Dr. Eiecks
Denkliegeparty

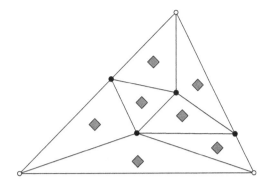

25.2 L-9.2 Dr. Eiecks Denkliegeparty (081213)

Für $n = 4$ und $k = 2$ sind sieben Stehtische und 13 Hängematten nötig (Abb. 25.1).
Allgemein: Durch das Aufspannen der Hängematten wird das Rasendreieck in kleinere Dreiecke unterteilt. Die Anzahl der Stehtische entspricht der Anzahl der Dreiecke, die Anzahl der Hängematten der Anzahl der Dreiecksseiten. Zur Lösung ist eine Unterscheidung in k Pflöcke im Raseninneren und $n-k$ Rasenrandpflöcke nötig.
Die Summe aller Innenwinkel der kleinen Dreiecke lässt sich ermitteln aus der Innenwinkelsumme des Rasendreiecks, den 180°-Winkeln der $n - k$ Randpflöcke und den 360°-Winkeln der k Innenpflöcke:

$$180° + (n - k) \cdot 180° + k \cdot 360° = (1 + n + k) \cdot 180°.$$

Damit benötigt Dr. Eieck $1 + n + k$ Stehtische.

Alle im Raseninneren aufgespannten Hängematten haben mit je zwei Dreiecken eine Seite gemeinsam, die am Rand entlang hängenden gehören nur zu einem Dreieck. Damit alle Hängematten doppelt zählen, addieren wir $n-k + 3$ (Hängematten am Rasenrand):

$$[(1 + n + k) \cdot 3 + (n - k + 3)] \div 2 = 3 + 2n + k.$$

Es sind also $3 + 2n + k$ Hängematten nötig.

Möglich ist auch eine Betrachtung, wie viele Stehtische und Hängematten durch einen zusätzlichen Innenpflock bzw. einen zusätzlichen Randpflock jeweils hinzukommen. Daraus kann man die Formeln in Abhängigkeit von n und k herleiten.

25.3 L-9.3 Schachclub (071222)

Die Jungendabteilung besteht aus einem Viertel der Vereinsmitglieder. 19 Mitglieder im Saal bestellen Tee. Neun sind gerade eingetreten, einer mehr als die Hälfte der gerade Herauskommenden: $(19 - 9) + 6 = 16$ Mitglieder waren im Saal. Begrüßt haben sich die 16 Mitglieder im Saal und die neun neuen, d. h. 25 Mitglieder. Ein Drittel der Turnierteilnehmer (= drei Viertel aller Mitglieder!) haben sich begrüßt. Insgesamt sind 75 Turnierteilnehmer anwesend. Die Jugendabteilung besitzt damit 25 Vereinsmitglieder.

25.4 L-9.4 Summe 105 (081411)

Es sei s die Startzahl und $(n+1)$ die Anzahl der Summanden ($s, n \in \mathbb{N}$). Wir erhalten:

$$
\begin{aligned}
105 &= s + (s+1) + (s+2) + \ldots + (s+n) \\
&= (n+1) \cdot s + (1 + 2 + \ldots + n) \\
&= (n+1) \cdot s + n \cdot (n+1) \div 2 \text{ (Gauß-Formel)} \\
&\Rightarrow n \cdot (n+1) \div 2 < 105, \text{ weil } (n+1) \cdot s > 0 \\
&\Rightarrow n \cdot (n+1) < 210 \Rightarrow n < 14, \text{ denn } 14 \cdot 15 = 210
\end{aligned}
$$

$105 = (n+1) \cdot s + n \cdot (n+1) \div 2 = (n+1) \cdot (s + n \div 2) \Rightarrow (n+1) \cdot (2s+n) = 210$.
Wegen $210 = 2 \cdot 3 \cdot 5 \cdot 7$ können nur die folgenden Fälle auftreten:

$$
\begin{aligned}
n+1 = 2 \wedge 2s+n = 105 &\Rightarrow n = 1 \wedge s = 52 &(1) \\
n+1 = 3 \wedge 2s+n = 70 &\Rightarrow n = 2 \wedge s = 34 &(2) \\
n+1 = 5 \wedge 2s+n = 42 &\Rightarrow n = 4 \wedge s = 19 &(3) \\
n+1 = 6 \wedge 2s+n = 35 &\Rightarrow n = 5 \wedge s = 15 &(4) \\
n+1 = 7 \wedge 2s+n = 30 &\Rightarrow n = 6 \wedge s = 12 &(5) \\
n+1 = 10 \wedge 2s+n = 21 &\Rightarrow n = 9 \wedge s = 6 &(6) \\
n+1 = 14 \wedge 2s+n = 15 &\Rightarrow n = 13 \wedge s = 1 &(7)
\end{aligned}
$$

Damit erhalten wir diese sieben Summendarstellungen:

$$
\begin{aligned}
105 &= 52 + 53 &(1) \\
105 &= 34 + 35 + 36 &(2) \\
105 &= 19 + 20 + 21 + 22 + 23 &(3) \\
105 &= 15 + 16 + 17 + 18 + 19 + 20 &(4) \\
105 &= 12 + 13 + 14 + 15 + 16 + 17 + 18 &(5) \\
105 &= 6 + 7 + 8 + 9 + 10 + 11 + 12 + 13 + 14 + 15 &(6) \\
105 &= 1 + 2 + 3 + 4 + 5 + 6 + \ldots + 11 + 12 + 13 + 14 &(7)
\end{aligned}
$$

25.5 L-9.5 Ferien in Geradien (81422)

Vorbemerkungen: Da es in Geradien insgesamt nur vier Strecken geben soll, können in einer Stadt höchstens vier Strecken enden. Wenn in jeder Stadt nur eine Strecke

endet, kann das Streckennetz nicht zusammenhängend sein, da bei fünf Städten nur
je zwei durch genau eine Bahnstrecke verbunden sein können. Die fünfte Stadt wäre
dann aber nicht mehr per Bahn erreichbar. Bezeichnet N die Anzahl der in einer Stadt
endenden Strecken, dann gilt: $2 \leq N \leq 4$. Wir unterscheiden daher nur drei Fälle:

(1) $N = 4$: Es gibt eine Stadt, wir nennen sie A, die direkt mit den restlichen vier
    Städten auf die folgende, vereinfachte Weise verbunden ist:

Für die Wahl von A gibt es fünf Möglichkeiten und damit fünf verschiedene
Netze.

(2) $N = 3$: In diesem Fall hat keine Stadt vier verschiedene Nachbarn, eine der
    Städte, etwa wiederum A, hat genau drei Nachbarstädte, mit der sie durch je
    eine Strecke direkt verbunden ist. Ein mögliches, wiederum vereinfachtes Netz
    sieht folgendermaßen aus:

Für die Wahl von A gibt es ebenfalls fünf Möglichkeiten, für eine zweite Stadt B
bleiben noch vier Möglichkeiten und schließlich drei Möglichkeiten, eine Stadt
direkt mit B zu verbinden. Zusammen sind es somit $5 \cdot 4 \cdot 3 = 60$ verschiedene
Netze.

(3) $N = 2$: Die fünf Städte müssen eine Kette bilden wie in der vereinfachten
    Darstellung:

Für die Auswahl der ersten Stadt A gibt es erneut fünf Möglichkeiten, für die
zweite noch vier, für die dritte drei, für die vierte zwei und schließlich noch eine
Möglichkeit für die letzte Stadt E. In dieser Zählung wird jede Kette doppelt
berücksichtigt (von A nach E bzw. von E nach A). Dies ergibt $\frac{1}{2} \cdot 5 \cdot 4 \cdot 3 \cdot 2 \cdot 1 = 60$
zusätzliche Netze.

Es könnte in Geradien $5 + 60 + 60 = 125$ verschiedene Eisenbahnnetze geben.

Kapitel 26
Zahlentheorie

26.1 L-10.1 Zahlenanzahl (070811)

Eine natürliche Zahl n, die durch 225 teilbar ist, ist auch durch 25 und 9 teilbar (225 = 9 · 25 und ggt(9, 25) = 1).

Damit kann die Zahl n nur auf 00, 25, 50 oder 75 enden. Wegen der Ziffernbedingung der Aufgabe sind nur die Endziffern 00 möglich.

$9 \mid n \Leftrightarrow QS(n) = 9k$ mit $k \in \mathbb{N}$.

Somit ist nur $9k$-mal die Ziffer 1 möglich, und da $n < 10$ Billionen = 10^{13} gilt, kommt nur neunmal die Ziffer 1 vor. Fest stehen bisher die führende Ziffer 1, die Endziffern 00 und dass n 13-stellig ist.

Zwischen der 1 und den beiden Nullen stehen folglich acht, neun oder zehn Stellen, davon achtmal die Ziffer 1 und an den verbleibenden Stellen die Ziffer 0.

Die Anzahl beträgt somit: $1 + \frac{(8+1)!}{8!} + \frac{(8+2)!}{8! \cdot 2} = 1 + 9 + 45 = 55$.

26.2 L-10.2 Teilen mit Rest (2) (070821)

Für die gesuchten natürlichen Zahlen n gelten folgende Beziehungen:

$$n = 3k + 2 \Leftrightarrow 35n - 70 = 105k$$
$$n = 5l + 3 \Leftrightarrow 21n - 63 = 105l$$
$$n = 7m + 4 \Leftrightarrow 15n - 60 = 105m \text{ mit } k, l, m \in \mathbb{Z}$$

Daraus erhalten wir $n - 53 = 105(l + m - k) = 105u$ mit $u \in \mathbb{Z}$.

Somit sind alle Zahlen, die sich in der Form $n = 105u + 53$, $n > 0$ mit $u \in \mathbb{Z}$ darstellen lassen, Lösungszahlen.

© Springer-Verlag GmbH Deutschland, ein Teil von Springer Nature 2020
P. Jainta und L. Andrews, *Mathe ist wirklich noch viel mehr*,
https://doi.org/10.1007/978-3-662-61460-0_26

26.3   L-10.3 Besondere Quadratzahlen (070823)

Für die Zahlen z_n gilt für $n = 1$, $z_1 = 4$ und für $n > 1$:
$z_n = 333\ldots4$ mit $(n-1)$ Dreien und einer Vier als Einerziffer.
Wir erhalten somit:

$$z_n^2 = \left(\frac{10^n - 1}{3} + 1\right)^2 = \frac{1}{9}\left(10^n - 1 + 3\right)^2 = \frac{1}{9}(10^n + 2)^2 = \frac{1}{9}(10^{2n} + 4 \cdot 10^n + 4)$$

$$= \frac{1}{9}((10^{2n} - 1) + 4(10^n - 1) + 4 + 1 + 4) = \underbrace{1\ldots1}_{2n\ \text{Einser}} + 4 \cdot \underbrace{1\ldots1}_{n\ \text{Einser}} + 1$$

$$= \underbrace{1\ldots1}_{n\ \text{Einser}}\underbrace{1\ldots1}_{n\ \text{Einser}} + \underbrace{4\ldots4}_{n\ \text{Vierer}} + 1 = \underbrace{1\ldots1}_{n\ \text{Einser}}\underbrace{5\ldots5}_{n\ \text{Fünfer}} + 1$$

$$= \underbrace{1\ldots1}_{n\ \text{Einser}}\ \underbrace{5\ldots5}_{n-1\ \text{Fünfer}}\ 6$$

26.4   L-10.4 Zentel und Elftel (080913)

Wir betrachten zunächst nur den Bereich $x = 0$ bis 109 mit Hilfe einer Wertetabelle.

x	0	1	...	9	10	11	12	...	19	20	21	22	23	...	...	109
$\lfloor\frac{x}{10}\rfloor$	0	0	...	0	1	1	1	...	1	2	2	2	2	...	...	10
$\lfloor\frac{x}{11}\rfloor$	0	0	...	0	0	1	1	...	1	1	1	2	2	...	...	9
$\lfloor\frac{x}{10}\rfloor - \lfloor\frac{x}{11}\rfloor$	0	0	...	0	1	0	0	...	0	1	1	0	0	...	...	1

Der Wert von $\lfloor\frac{x}{10}\rfloor$ erhöht sich um 1 bei $x = 10, 20, 30, 40, \ldots$ Der Wert von $\lfloor\frac{x}{11}\rfloor$ erhöht sich bei $x = 11, 22, 33, 44, \ldots$ Die Differenz dieser beiden Werte beträgt 0 oder 1. Daher wird die Gleichung im betrachteten Bereich von folgenden x-Werten erfüllt: $x = 10, 20, 21, 30, 31, 32, 40, 41, 42, 43, 50, \ldots, 100, 101, 102, 103, 104, 105, 106, 107, 108, 109$. Die Anzahl der Lösungen ist daher: $1 + 2 + 3 + \ldots + 9 + 10 = 55$.
Das ist die Hälfte der 110 Zahlen von 0 bis 109.
Wir betrachten nun die nächsten 110 x-Werte von 110 bis 219.
Es gilt: $\lfloor\frac{x+110}{10}\rfloor = \lfloor\frac{x}{10}\rfloor + 11$ und $\lfloor\frac{x+110}{11}\rfloor = \lfloor\frac{x}{11}\rfloor + 10$. Wir betrachten dazu wieder eine Wertetabelle.

x	110	111	...	119	120	121	122	...	129	130	131	132	133	...	...	219
$\lfloor\frac{x}{10}\rfloor$	11	11	...	11	12	12	12	...	12	13	13	13	13	...	...	21
$\lfloor\frac{x}{11}\rfloor$	10	10	...	10	10	11	11	...	11	11	11	12	12	...	...	19
$\lfloor\frac{x}{10}\rfloor - \lfloor\frac{x}{11}\rfloor$	1	1	...	1	2	1	1	...	1	2	2	1	1	...	...	2

Die Differenz der Werte beträgt nun 1 oder 2. Wo in der untersten Zeile der ersten Wertetabelle 0 eingetragen ist, erscheint nun (110 Zahlen weiter) eine 1; wo eine 1 eingetragen ist, erscheint eine 2. Daher sind wieder die Hälfte der 110 Zahlen von 110 bis 219 Lösungen. Das sind nochmals 55 Stück.

Betrachten wir abschnittsweise die jeweils nächsten 110 Zahlen von 220 bis 329, von 330 bis 439 usw., erhalten wir analog als Differenzwerte in der letzten Zeile der Wertetabelle 2 oder 3 bzw. 3 oder 4 usw., also keine weiteren Lösungen der Gleichung. Insgesamt erhalten wir also 110 Lösungen der vorgegebenen Gleichung.

26.5 L-10.5 Primzahlzwillinge (070921)

Die Zahlen p, q sind Primzahlzwillinge, und es gilt $3 < p < q$.
Daraus folgt $p = 2n - 1$ und $q = 2n + 1$.
Die Zahl 3 ist kein Teiler von p und q. Von drei aufeinanderfolgenden Zahlen ist aber immer eine durch 3 teilbar. Daraus folgt mit $n, m, k \in \mathbb{N}$:

$$3 \mid 2n \Rightarrow 3 \mid n \Rightarrow n = 3k$$
$$\Rightarrow p = 6k - 1; \; q = 6k + 1$$
$$\Rightarrow m = \frac{p + q}{2} = 6k \Rightarrow 6 \mid m$$

Weiter gilt $pq + 1 = (6k - 1) \cdot (6k + 1) + 1 = 36k^2 \Rightarrow 36 \mid (pq + 1)$.

26.6 L-10.6 Quersummen (070923)

Wir bezeichnen das maximale Folgenglied mit n_{max} und mit $QS(z)$ die Quersumme einer natürlichen Zahl z. Weiterhin sind $n, k \in \mathbb{N}$.

a) $a_n = 146\,890 + n \cdot 2\,357 \leq 10\,000\,000$
$\Rightarrow n \leq (10\,000\,000 - 146\,890) \div 2\,357 = 4\,180, 36 \ldots \Rightarrow n_{max} = 4\,180$

b) $QS(a_{10^{6+k}}) = QS(146\,890 + 10^{6+k} \cdot 2\,357) = QS(146\,890) + QS(2\,357) = 28 + 17 = 45 \Rightarrow$ Es gibt unendlich viele Zahlen mit der gleichen Quersumme 45.

c) $a_{55} = 146\,890 + 55 \cdot 2\,357 = 276\,525$
a_{55} ist sechsstellig $\Rightarrow QS(a_i) \leq 6 \cdot 9 = 54$ für $1 \leq i \leq 55$.
Es gibt 55 Zahlen, aber nur 54 mögliche Quersummen.
$\Rightarrow$ Mindestens zwei Zahlen haben die gleiche Quersumme.

26.7 L-10.7 Fünf Quadrate (081013)

Es sei $n \in \mathbb{N}$, $n > 2$. Wir bezeichnen die Summe der Quadrate der fünf aufeinanderfolgenden Zahlen mit S. Es gilt:

$$S = (n-2)^2 + (n-1)^2 + n^2 + (n+1)^2 + (n+2)^2$$
$$= 5n^2 + 10 = 5(n^2 + 2)$$

Damit S eine Quadratzahl ist, muss gelten: $5 \mid (n^2 + 2)$.
Eine Quadratzahl kann nur auf $0, 1, 4, 5, 6$ oder 9 enden.

Somit kann der Term $(n^2 + 2)$ nur auf $2, 3, 6, 7, 8$ oder 1, aber nicht auf 5 oder 0 enden und damit nicht durch 5 teilbar sein. Also ist S keine Quadratzahl.

26.8 L-10.8 Beweis durch Binomi (081023)

Es gilt $a, b, c > 0$, und zu zeigen ist: $\frac{1}{a} + \frac{1}{b} + \frac{1}{c} \geq \frac{9}{a+b+c}$.
Durch Multiplikation mit dem positiven Hauptnenner $abc(a + b + c)$ erhalten wir die äquivalente Ungleichung:
$bc(a + b + c) + ac(a + b + c) + ab(a + b + c) \geq 9abc$.
Durch Ausmultiplizieren und Subtraktion von $9abc$ auf beiden Seiten erhalten wir die äquivalente Ungleichung:
$b^2c + bc^2 + a^2c + ac^2 + a^2b + ab^2 - 6abc \geq 0$.
Umsortierung und Ausklammern ergibt:
$a(b^2 - 2bc + c^2) + b(a^2 - 2ac + c^2) + c(a^2 - 2ab + b^2) \geq 0$.
Durch Anwendung der binomischen Formeln erhalten wir die wahre Aussage
$a(b - c)^2 + b(a - c)^2 + c(a - b)^2 \geq 0$.
Da nur äquivalente Umformungen ausgeführt wurden, folgt daraus die Behauptung.

26.9 L-10.9 $ABBA$ (071111)

a) Vierstellige Zahlen mit den Ziffern a, b mit $a \neq 0$.
   $\overline{aabb} = \overline{a0bb} \cdot 11$; $\overline{abab} = \overline{ab} \cdot 101$; $\overline{abba} = a \cdot 1001 + b \cdot 110 = (a \cdot 91 + b \cdot 10) \cdot 11$.
   Somit sind alle drei keine Primzahlen.

b) Sechsstellige Zahlen mit den Ziffern a, b mit $a \neq 0$.
   Jede der Ziffern a und b tritt dreimal auf. Somit gilt für die Quersumme $QS = 3 \cdot (a + b)$, und die Zahl ist durch 3 teilbar und kann folglich keine Primzahl sein.

26.10 L-10.10 Endziffer

Es gilt

$$Z = 2\,002^{2\,003} \cdot 2\,003^{2\,002} = 2\,002 \cdot (2\,002 \cdot 2\,003)^{2\,002}$$
$$= 2\,002 \cdot 4\,010\,006^{2\,002} = x \cdot y.$$

Multiplizieren wir eine Zahl mit einer 6 am Ende mit einer weiteren Zahl mit Endziffer 6, so hat das Ergebnis ebenfalls die Endziffer 6, da $6 \cdot 6 = 36$ auf 6 endet. Somit hat y die Endziffer 6.

Multiplizieren wir eine Zahl mit Endziffer 2 mit einer mit der Endziffer 6, so hat das Ergebnis die Endziffer 2.

Somit endet die Zahl Z auf der Ziffer 2.

26.11 L-10.11 Zahlendrachen (081112)

a) Für den 21-Drachen mit der Startzahl s gilt:
$s + (s + 1) + \ldots + (s + 13) = (s + 14) + (s + 15) + \ldots + (s + 20)$,
$14s + (1 + 2 + \ldots + 13) = 7s + (14 + 15 + \ldots 20)$,
$7s = 7 \cdot 17 - 7 \cdot 13$ oder $s = 4$. Der 21-Drachen startet mit 4.
Es ist: $4 + 5 + \ldots + 17 = 18 + 19 + \ldots + 24 = 147$.

b) Analog zu Teil a müsste für den 24-Drachen mit der Startzahl s gelten:
$s + (s + 1) + \ldots + (s + 15) = (s + 16) + (s + 17) + \ldots + (s + 23)$
$\Rightarrow 16s + (1 + 2 + \ldots + 15) = 8s + (16 + 17 + \ldots 23)$
$\Rightarrow 8s = 4 \cdot 39 - 8 \cdot 15 \Rightarrow 2s = 9$
Somit ist s ist keine natürliche Zahl, und es gibt keinen 24-Drachen.

c) Für die Summe S aller Schwanz- und Kopfzahlen des 99 999-Drachen mit der Startzahl s gilt:
$S = s + (s + 1) + \ldots + (s + 99\,998) = 99\,999 \cdot s + (1 + 2 + \ldots + 99\,998)$
Mit Hilfe der Summenformel von Gauß erhalten wir:
$S = 99\,999 \cdot s + [(1 + 99\,998) \cdot 99\,998] \div 2$
Ein Zusammenhang zwischen einer möglichen Länge n des Drachens und seiner Startzahl s ist hier dargestellt:

n	3	9	15	21	...
s	1	2	3	4	...

Offenbar lässt sich die Startzahl s wie folgt angeben: $s = (n + 3) \div 6$.
Für einen 99 999-Drachen lautet demnach die Startzahl $s_{99\,999} = 16\,667$.
Damit gilt: $S = 99\,999 \cdot 16\,667 + 99\,999 \cdot 49\,999 = 99\,999 \cdot 66\,666$.
Die gesuchte Schwanzsumme (und auch Kopfsumme) ist die Hälfte davon, also $99\,999 \cdot 33\,333 = 3\,333\,266\,667$.

26.12 L-10.12 Größter gemeinsamer Teiler (071121)

Es sei S^* die Summe von 49 Zahlen mit $999 = d \cdot S^*$.
Die möglichen Summen S^* für die Teiler von 999 entnehmen wir der folgenden Übersicht:

Teiler d	1	3	9	27	37	111	333	999
Summe S^*	999	333	111	37	27	9	3	1

Für $d \geq 27$ folgt $S^* \leq 37$. Das ist ein Widerspruch zu $S^* \geq 49$ (49 mal die Zahl 1), und folglich ist $d_{max} = 9 \Rightarrow S^*_{min} = 111$.

Ein mögliches Beispiel:

$$S^* = \underbrace{1 + 1 + \ldots + 1}_{48 \, mal \, 1} + 63 = 111 \text{ und somit für die Summe } S \text{ der 49 Zahlen}$$

$$S = \underbrace{9 + 9 + \ldots + 9}_{48 \, mal \, 9} + 9 \cdot 63 = 432 + 567 = 999.$$

26.13   L-10.13 Gleichungen mit Lücken (071221)

a) $\frac{3}{4} \cdot \frac{8}{9} \cdot \frac{15}{16} \cdot \frac{24}{25} - \frac{1}{2} = \frac{1 \cdot 3}{2 \cdot 2} \cdot \frac{2 \cdot 4}{3 \cdot 3} \cdot \frac{3 \cdot 5}{4 \cdot 4} \cdot \frac{4 \cdot 6}{5 \cdot 5} - \frac{1}{2} = \frac{1 \cdot 6}{2 \cdot 5} - \frac{1}{2} = \frac{6}{10} - \frac{5}{10} = \frac{1}{10}$

b) $\frac{3}{4} \cdot \frac{8}{9} \cdot \frac{15}{16} \cdot \frac{24}{25} \cdot \frac{35}{36} - \frac{1}{2} = \frac{1 \cdot 3}{2 \cdot 2} \cdot \frac{2 \cdot 4}{3 \cdot 3} \cdot \frac{3 \cdot 5}{4 \cdot 4} \cdot \frac{4 \cdot 6}{5 \cdot 5} \cdot \frac{5 \cdot 7}{6 \cdot 6} - \frac{1}{2} = \frac{1 \cdot 7}{2 \cdot 6} - \frac{1}{2} = \frac{7}{12} - \frac{6}{12} = \frac{1}{12}$

c) $\frac{3}{4} \cdot \frac{8}{9} \cdot \frac{15}{16} \cdot \frac{24}{25} \cdot \frac{35}{36} \cdot \frac{48}{49} \cdot \frac{63}{64} - \frac{1}{2} = \frac{1 \cdot 3}{2 \cdot 2} \cdot \frac{2 \cdot 4}{3 \cdot 3} \cdot \frac{3 \cdot 5}{4 \cdot 4} \cdot \frac{4 \cdot 6}{5 \cdot 5} \cdot \frac{5 \cdot 7}{6 \cdot 6} \cdot \frac{6 \cdot 8}{7 \cdot 7} \cdot \frac{7 \cdot 9}{8 \cdot 8} - \frac{1}{2}$
$= \frac{1 \cdot 9}{2 \cdot 8} - \frac{1}{2} = \frac{9}{16} - \frac{8}{16} = \frac{1}{16}$

d) $\frac{3}{4} \cdot \frac{8}{9} \cdot \frac{15}{16} \cdot \frac{24}{25} \cdot \frac{35}{36} \cdot \frac{48}{49} \cdot \frac{63}{64} \cdot \frac{80}{81} - \frac{1}{2} = \frac{1 \cdot 3}{2 \cdot 2} \cdot \frac{2 \cdot 4}{3 \cdot 3} \cdot \frac{3 \cdot 5}{4 \cdot 4} \cdot \frac{4 \cdot 6}{5 \cdot 5} \cdot \frac{5 \cdot 7}{6 \cdot 6} \cdot \frac{6 \cdot 8}{7 \cdot 7} \cdot \frac{7 \cdot 9}{8 \cdot 8} \cdot \frac{8 \cdot 10}{9 \cdot 9} - \frac{1}{2}$
$= \frac{1 \cdot 10}{2 \cdot 9} - \frac{1}{2} = \frac{10}{18} - \frac{9}{18} = \frac{1}{18}$

e) $\frac{3}{4} \cdot \frac{8}{9} \cdot \frac{15}{16} \cdot \frac{24}{25} \cdot \ldots \cdot \frac{48 \cdot 50}{49 \cdot 49} \cdot \frac{49 \cdot 51}{50 \cdot 50} - \frac{1}{2} = \frac{1 \cdot 3}{2 \cdot 2} \cdot \frac{2 \cdot 4}{3 \cdot 3} \cdot \frac{3 \cdot 5}{4 \cdot 4} \cdot \frac{4 \cdot 6}{5 \cdot 5} \cdot \ldots \cdot \frac{48 \cdot 50}{49 \cdot 49} \cdot \frac{49 \cdot 51}{50 \cdot 50} - \frac{1}{2}$
$= \frac{1 \cdot 51}{2 \cdot 50} = \frac{51 - 50}{2 \cdot 50} = \frac{1}{100}$

26.14   L-10.14 Pauls Quersumme (081321)

Beim Addieren der Zahlen 1 und 998, 2 und 997, ..., 243 und 756, ..., 499 und 500 beträgt der Summenwert immer 999, und die Quersumme von 999 stimmt mit der Summe der Quersummen der zwei Summanden überein. Wir erhalten 499 mal 27, d. h. 13 473. Jetzt fehlen nur noch die Quersummen der Zahlen 999 und 1 000. Die Summe aller Quersummen von 1 bis 1 000 ist also $13\,473 + 27 + 1 = 13\,501$.

Kapitel 27
Winkel, Seiten und Flächen

27.1 L-11.1 Winkelhalbierende (070822)

Die Schritte (1) bis (4) beschreiben die Konstruktion der Winkelhalbierenden. Abb. 27.1 illustriert das Vorgehen.

(1) Zeichne g_1 und g_2 und wähle einen Punkt S auf g_1. Konstruiere die Parallele g_3 durch S zu g_2. Konstruiere die Winkelhalbierende w^* des Winkels zwischen g_1 und g_3.
Die Gerade w^* ist parallel zur gesuchten Winkelhalbierenden w.

(2) Wähle einen Punkt $P \in g_2$ und fälle die Lote l_1 von P auf g_3 und l_2 von P auf w^*. Es gilt $l_2 \cap g_1 = \{Q\}$. Es sei m_{PQ} die Mittelsenkrechte der Strecke $\overline{PQ}$. Es gilt $m_{PQ} \cap l_1 = \{R\}$.

(3) Es sei α der Schnittwinkel von g_1 und g_3. Wir führen weitere Punkte ein: $T = l_1 \cap g_3$, $U = l_2 \cap w^*$ und $V = l_2 \cap g_3$.
Das Dreieck PQR ist gleichschenklig, da seine Spitze R auf der Mittelsenkrechten m_{PQ} liegt und somit $|\sphericalangle RQP| = |\sphericalangle QPR|$ gilt.
Wir betrachten nun das Dreieck VSU. Es ist rechtwinklig in U, da $U \in l_2$. Nach dem Innenwinkelsummensatz gilt nun $|\sphericalangle SVU| = 180° - 90° - \frac{\alpha}{2} = 90° - \frac{\alpha}{2}$. Im Dreieck VTP ist $\sphericalangle SVU$ Scheitelwinkel, d. h., es gilt $|\sphericalangle SVU| = |\sphericalangle PVT| = 90° - \frac{\alpha}{2}$. Nach dem Satz über die Innenwinkelsumme gilt im Dreieck VTP weiter:

$$|\sphericalangle TPV| = 180° - 90° - \left(90° - \frac{\alpha}{2}\right) = \frac{\alpha}{2}$$

Wir betrachten nun das Dreieck VQS. Es gilt:

$$|\sphericalangle PQS| = |\sphericalangle VQS| = 180° - \alpha - \left(90° - \frac{\alpha}{2}\right) = 90° - \frac{\alpha}{2}$$

Somit ist

$$|\sphericalangle RQS| = |\sphericalangle RQP| + |\sphericalangle PQS| = |\sphericalangle TPV| + |\sphericalangle PQS| = \frac{\alpha}{2} + \left(90° - \frac{\alpha}{2}\right) = 90°.$$

© Springer-Verlag GmbH Deutschland, ein Teil von Springer Nature 2020
P. Jainta und L. Andrews, *Mathe ist wirklich noch viel mehr*,
https://doi.org/10.1007/978-3-662-61460-0_27

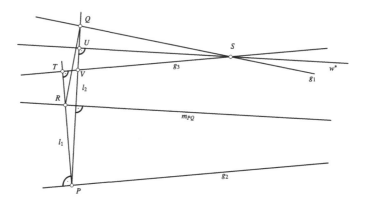

Abb. 27.1 Winkelhalbierende

Die Seite RQ steht daher auf der Geraden g_1 senkrecht.
(4) Es gilt $m_{PQ} = w$, weil $m_{PQ} \parallel w^*$ und $|RQ| = |RP|$ und $RP \perp g_2$ und $RQ \perp g_1$.

27.2 L-11.2 Zirkus (080912)

Wir betrachten Abb. 27.2.
Die gleichseitigen Dreiecke ZSK und KRU besitzen je drei 60°-Winkel.
Wir zeichnen die Strecke $\overline{US}$ ein und betrachten das Dreieck KSU:

$$|\sphericalangle SKR| = |\sphericalangle ZKR| - |\sphericalangle ZKS| = 90° - 60° = 30°$$
$$|\sphericalangle SKU| = |\sphericalangle SKR| + |\sphericalangle RKU| = 30° + 60° = 90°$$

Das Dreieck KSU ist also rechtwinklig. Wegen $|KS| = |KU|$ ist das Dreieck KSU auch gleichschenklig. Daraus folgt: $|\sphericalangle USK| = 45°$.
Wir zeichnen die Strecke $\overline{SI}$ ein und betrachten das Dreieck ZIS.
Auch dieses Dreieck ist gleichschenklig wegen $|ZI| = |ZS|$ und besitzt daher gleich große Basiswinkel.
Für den Winkel an der Spitze gilt: $|\sphericalangle IZS| = 30°$ (analog zu $\sphericalangle SKR$). Aus der Innenwinkelsumme im Dreieck ZIS folgt: $|\sphericalangle ZSI| = (180° - 30°) \div 2 = 75°$.
Insgesamt folgt: $|\sphericalangle USI| = |\sphericalangle USK| + |\sphericalangle KSZ| + |\sphericalangle ZSI| = 45° + 60° + 75° = 180°$.
Da $\sphericalangle USI$ ein gestreckter Winkel ist, liegt der Punkt S auf der Geraden UI

Abb. 27.2 Zirkus

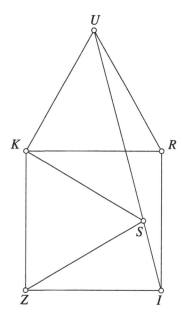

27.3   L-11.3 Winkelberechnung (070922)

Betrachte Abb. 27.3.
Das Dreieck ABC ist symmetrisch bezüglich m. Daraus folgt $|\sphericalangle AC_2C_1| = \frac{\gamma_2}{2}$.
Das Dreieck AC_1C_2 ist gleichschenklig.
Aus dem Außenwinkelsatz folgt somit $|\sphericalangle AC_1C_0| = \gamma_2$.
Der Punkt M ist der Mittelpunkt der Strecke $\overline{AB}$, und das Dreieck AC_0C_1 ist gleichschenklig. Daraus folgt aus dem Außenwinkelsatz $|\sphericalangle AC_0M| = 2\gamma_2$

$\Rightarrow |\sphericalangle AC_0B| = 4\gamma_2 \Rightarrow \gamma_2 = \frac{|\sphericalangle AC_0B|}{4}$
Somit ergeben sich die folgenden Lösungen:

a) $\gamma_2 = 60° \div 4 = 15°$
b) $\gamma_2 = 90° \div 4 = 22,5°$
c) $\gamma_2 = 120° \div 4 = 30°$

27.4   L-11.4 Lena und Kurt (080922)

Wir entnehmen alle Bezeichnungen Abb. 27.4.

a) Wir betrachten das Dreieck LET mit den Innenwinkeln $\frac{\lambda}{2}$, $\frac{\varepsilon}{2}$ und τ.
   Im Parallelogramm gilt $\lambda + \varepsilon = 180°$. Aus der Winkelsumme im Dreieck LET
   folgt somit $\tau = 90°$.
   Die Winkelhalbierenden w_λ und w_ε schneiden sich also rechtwinklig.
   Analog gilt dies auch für die anderen Paare der Winkelhalbierenden. Daher folgt:
   Das Viereck $KURT$ ist ein Rechteck.

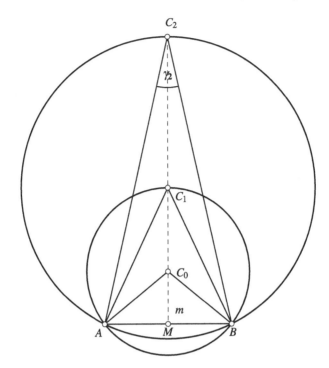

Abb. 27.3 Winkelberechnung

Bemerkung: Ist $LENA$ eine Raute (was nach Aufgabenstellung ausgeschlossen ist), so entartet $KURT$ zum Punkt.

b) Falls eine Seite des Parallelogramms $LENA$ doppelt so lang ist wie die andere, so liegen zwei Ecken des Rechtecks $KURT$ auf den längeren Seiten des Parallelogramms $LENA$.

   Beweis: Sei etwa $|AN| = 2\,|EN|$. Ist M die Mitte der Strecke $\overline{AN}$, dann ist das Dreieck MEN gleichschenklig mit Spitze N, also ist $|\sphericalangle EMN| = |\sphericalangle NEM|$. Ferner gilt: $|\sphericalangle MEL| = |\sphericalangle EMN|$ (Z-Winkel an Parallelen).

   Es folgt: $|\sphericalangle NEM| = |\sphericalangle MEL|$, also ist $\overline{EM}$ Winkelhalbierende von ε. Analog geht w_α durch M, also gilt $M = T$.

   Ebenso beweisen wir, dass U mit der Mitte der Seite $\overline{LE}$ zusammenfällt.

c) Wenn $LENA$ ein Rechteck ist, dann ist $KURT$ ein Quadrat.

   Beweis: Falls $LENA$ Rechteck ist, besitzt $LENA$ zwei Symmetrieachsen, die auch das Viereck $KURT$ hat. $KURT$ ist somit eine Raute. Nach Teil a ist $KURT$ auch ein Rechteck, also ein Quadrat.

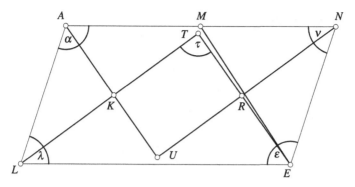

Abb. 27.4 Lena und Kurt

27.5 L-11.5 Gleichschenkligkeit im Doppelkreis

Wir betrachten Abb. 27.5.

Wir zeichnen das gleichseitige Dreieck SM_1M_2 ein und verbinden M_1 mit Q und R. Das Dreieck PQR ist nun in fünf gleichschenklige Dreiecke unterteilt.

Sei $\varepsilon = |\sphericalangle QPR|$. Durch Anwenden der bekannten Winkelgesetze lassen sich alle Winkel der fünf gleichschenkligen Dreiecke durch ε ausdrücken. Wir erhalten schließlich $|\sphericalangle PRQ| = |\sphericalangle PRM_1| + |\sphericalangle M_1RQ| = (2\varepsilon - 60°) + (60° - \varepsilon) = \varepsilon$.

Also enthält Dreieck PQR zwei gleich große Winkel und ist somit gleichschenklig.

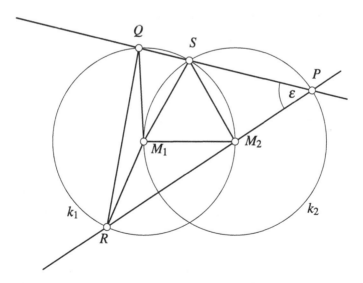

Abb. 27.5 Gleichschenkligkeit im Doppelkreis

27.6 L-11.6 Parallel?

Wir entnehmen alle Bezeichnungen Abb. 27.6.
Der Punkt W ist der Schnittpunkt der Winkelhalbierenden w_γ.

a) Es gilt $|\sphericalangle WCA| = \frac{72°}{2} = 36°$.
   Der Winkel $\sphericalangle BCD$ ist Nebenwinkel des Winkels $\sphericalangle ACB$
   $\Rightarrow |\sphericalangle BCD| = 180° - 72° = 108°$.
   Da das Dreieck BDC gleichschenklig mit Basis $\overline{BD}$ ist, gilt
   $|\sphericalangle CDB| = \frac{180° - 108°}{2} = 36°$. Also gilt $|\sphericalangle WCA| = |\sphericalangle CDB|$.
   Da dies Stufenwinkel an den geschnittenen Geraden CW und BD sind, folgt
   $BD \parallel CW = w_\gamma$.
b) Ist das Dreieck ABC gleichschenklig, so folgt aus der Winkelsumme im Dreieck
   $|\sphericalangle CBA| = \frac{180° - 72°}{2} = 54°$. Wir erhalten somit
   $|\sphericalangle DBA| = |\sphericalangle CBA| + |\sphericalangle DBC| = 54° + 36° = 90°$.

27.7 L-11.7 Winkel im Dreieck (081022)

Die Punkte H_a und H_b liegen auf dem Thaleskreis über der Strecke $\overline{AB}$ mit Mittelpunkt M_c; daher gilt mit den Bezeichnungen aus Abb. 27.7 $\alpha = \delta$ und $\beta = \tau$, da die

Abb. 27.6 Parallel?

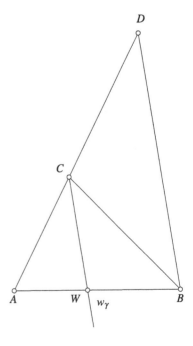

Abb. 27.7 Winkel im
Dreieck

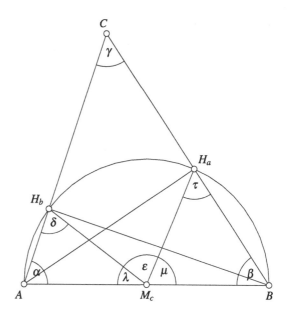

Dreiecke AM_cH_b und BH_aM_c gleichschenklig sind.
Folglich ist $\lambda = 180° - 2\alpha$ und $\mu = 180° - 2\beta$.
Ferner gilt: $\varepsilon = 180° - \lambda - \mu$ (gestreckter Winkel).

$$\Rightarrow \varepsilon = 180° - (180° - 2\alpha) - (180° - 2\beta)$$
$$= 2\alpha + 2\beta - 180° = 2\alpha + 2\beta + 2\gamma - 180° - 2\gamma$$
$$= 2(\alpha + \beta + \gamma) - 180° - 2\gamma = 2 \cdot 180° - 180° - 2\gamma$$
$$= 180° - 2\gamma$$

27.8 L-11-8 Origami (071122)

Wir entnehmen alle Bezeichnungen Abb. 27.8.
Wir falten das Blatt so, dass $\overline{LD}$ auf $\overline{LI}$ zu liegen kommt, anschließend falten wir
$\overline{ID}$ auf $\overline{IL}$. Analog verfahren wir mit den anderen Ecken.
Die Geraden LK, IK und IH sind Winkelhalbierende der Winkel $\sphericalangle ILD$, $\sphericalangle DIL$
bzw. $\sphericalangle GIC$. Es gilt: $|\sphericalangle LKI| = 180° - |\sphericalangle ILK| - |\sphericalangle KIL| = 180° - 2 \cdot 22,5° =$
$135°$;
$|\sphericalangle KIH| = 22,5° + 90° + 22,5° = 135°$.
Wegen der Symmetrie sind somit alle Winkel des Achtecks 135°.
Wegen der Symmetrie bzgl. BD gilt $|LK| = |KI|$.
Wegen der Symmetrie bzgl. EI gilt $|KI| = |IH|$.

Abb. 27.8 Origami

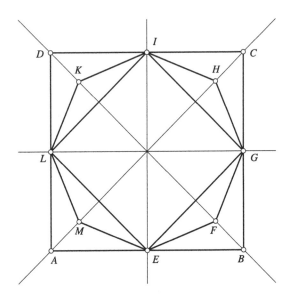

Aus Symmetriegründen folgt nun, dass alle Seiten gleich lang sind.
    Somit ist das Achteck $EFGHIKLM$ regulär.

27.9 L-11.9 Winkelzusammenhang (081121)

Gegeben ist Abb. 27.9.
Der Punkt M sei der Mittelpunkt der Strecke $\overline{CD}$. Da $|{\angle}CBD| = 90°$, ist M der
Mittelpunkt des Thaleskreises zur Strecke $\overline{CD} \Rightarrow$ Die Dreiecke BCM und BMD
sind gleichschenklig $\Rightarrow |{\angle}MCB| = |{\angle}CBM|$.
Weiter gilt $|{\angle}CMB| = 180° - 2 \cdot |{\angle}MCB|$ und $|{\angle}MBD| = |{\angle}MDB| = 90° -
|{\angle}MCB|$.

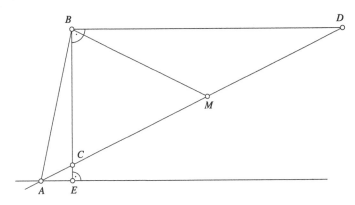

Abb. 27.9 Winkelzusammenhang

Zudem ist $|\sphericalangle EAD| = |\sphericalangle ADB| = 90° - |\sphericalangle MCB|$ (Z-Winkel an Parallelen). Das Dreieck AMB ist auch gleichschenklig, da $|AB| = |BM|$.
Nun gilt weiter
$$|\sphericalangle MAB| = |\sphericalangle AMB| = 180° - 2 \cdot |\sphericalangle MCB| = 2 \cdot (90° - |\sphericalangle MCB|) = 2 \cdot |\sphericalangle EAD|.$$
Dies führt unmittelbar zu $|\sphericalangle DAB| = 2 \cdot |\sphericalangle EAD|$.

27.10   L-11.10 Schnittwinkel im 15-Eck (071223)

Die Winkelsumme in einem 15-Eck beträgt $(15 - 2) \cdot 180° = 2\,340°$.
Somit ist jeder Innenwinkel $2\,340 \div 15 = 156°$ groß.
Wir betrachten nun Abb. 27.10.
Es gilt $|\sphericalangle BAI| = ((9 - 2) \cdot 180° - 7 \cdot 156°) \div 2 = 84°$ und
$|\sphericalangle JAO| = 156° - 84° = 72° = |\sphericalangle JIA|$. Somit erhalten wir:

$$\alpha_1 = 180° - 2 \cdot 84° = 12°$$
$$\alpha_2 = (4 - 2) \cdot 180° - 2 \cdot 84° - 156° = 36°$$
$$\alpha_3 = (5 - 2) \cdot 180° - 2 \cdot 84° - 2 \cdot 156° = 60°$$
$$\alpha_4 = (6 - 2) \cdot 180° - 2 \cdot 84° - 3 \cdot 156° = 84°$$
$$\alpha_5 = (7 - 2) \cdot 180° - 2 \cdot 84° - 4 \cdot 156° = 108° \Rightarrow \alpha_5^* = 180° - \alpha_5 = 72°$$
$$\alpha_6 = (8 - 2) \cdot 180° - 2 \cdot 84° - 5 \cdot 156° = 132° \Rightarrow \alpha_6^* = 180° - \alpha_6 = 48°$$
$$\alpha_7 = (9 - 2) \cdot 180° - 2 \cdot 84° - 6 \cdot 156° = 156° \Rightarrow \alpha_7^* = 180° - \alpha_7 = 24°$$

27.11   L-11.11 Berührpunkte (081221)

Die Münzen haben die Mittelpunkte A, B, C und D. Die Berührpunkte bezeichnen wir entsprechend mit P, Q, R und S (Abb. 27.11).
Da jedes der Dreiecke APS, BQP, CRQ und DSR genau eine Ecke in einer der vier Kreismitten und die beiden anderen Ecken jeweils auf derselben Kreislinie hat, sind alle Dreiecke gleichschenklig. Daraus folgt:

$$
\begin{aligned}
|\sphericalangle PSR| + |\sphericalangle RQP| &= (180° - |\sphericalangle RSD| - |\sphericalangle ASP|) + (180° - |\sphericalangle CQR| - |\sphericalangle PQB|) \\
&= (180° - |\sphericalangle DRS| - |\sphericalangle SPA|) + (180° - |\sphericalangle QRC| - |\sphericalangle BPQ|) \\
&= (180° - |\sphericalangle DRS| - |\sphericalangle QRC|) + (180° - |\sphericalangle SPA| - |\sphericalangle BPQ|) \\
&= |\sphericalangle SRQ| + |\sphericalangle QPS|
\end{aligned}
$$

Da die Innenwinkelsumme eines Vierecks 360° beträgt, gilt die Gleichheit

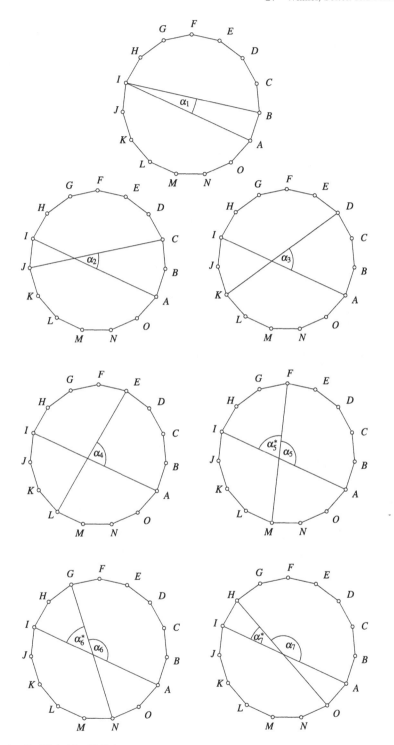

Abb. 27.10 Winkel im 15-Eck

Abb. 27.11 Berührpunkte

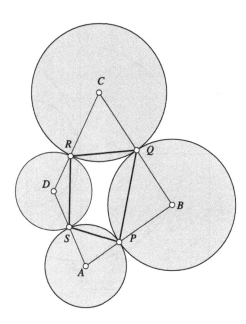

$|\sphericalangle PSR| + |\sphericalangle RQP| = |\sphericalangle SRQ| + |\sphericalangle QPS| = 180°$. Damit ist das Viereck $PQRS$ ein Sehnenviereck, da sich gegenüberliegende Winkelpaare jeweils zu 180° ergänzen. Das Viereck besitzt somit einen Umkreis.

27.12 L-11.12 Verschiedene Dreiecke

Wir beziehen uns in der Lösung auf Abb. 27.12.

Wenn wir die Drehrichtung des Dreiecks ABC beachten, entfällt die untere Hälfte der Zeichnung. Wenn das Dreieck ABC spitzwinklig ist, liegt der Punkt C zwischen den zwei Senkrechten zu AB durch die Punkte A und B im weißen Bereich. Wenn das Dreieck ABC rechtwinklig ist, liegt der Punkt C auf dem Thaleskreis über der Strecke $\overline{AB}$ oder auf den Senkrechten zu AB durch die Punkte A und B.

Die Punkte S_2 bis S_6 sind mögliche Lagen von C. Fällt C mit S_1 oder S_2 zusammen, ist das Dreieck ABC gleichschenklig-rechtwinklig.

Wenn das Dreieck ABC stumpfwinklig ist, liegt der Punkt C im grauen Bereich.

Wenn das Dreieck ABC gleichschenklig ist, liegt der Punkt C auf der Mittelsenkrechten der Strecke $\overline{AB}$ oder auf den Kreisen $k(A; r = |AB|)$ oder $k(B; r = |AB|)$.

Wenn das Dreieck ABC gleichseitig ist, liegt der Punkt C auf T_1 oder T_2.

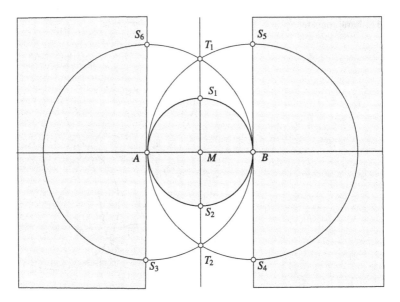

Abb. 27.12 Verschiedene Dreiecke

27.13 L-11.13 Zwölfzack (071322)

Wir beziehen uns auf Abb. 27.13.

Im Drachenviereck $A_5A_6A_7A_{12}$ liegen die Punkte A_7 und A_5 auf dem Thaleskreis über der Strecke $\overline{A_6A_{12}}$; folglich sind die Winkel bei A_5 und A_7 rechte Winkel. Der Winkel bei A_6 ist ein Innenwinkel im regulären Zwölfeck und ist deshalb $\frac{(12-2)\cdot180°}{12} = 150°$ groß. Für den Winkel bei A_{12} gilt somit:

$$|\sphericalangle A_5A_{12}A_7| = 360° - 2\cdot90° - 150° = 30°$$

Die Gesamtsumme der Winkel an den Zacken ist folglich $12\cdot30° = 360°$.

27.14 L-11.14 Rechteck = Quadrat? (071323)

Wir verwenden als Schnittlinie einen Treppenzug mit n Stufen. Wir fügen anschließend die beiden Teile um eine Stufe versetzt wieder aneinander. So erhalten wir aus dem Rechteck mit Seiten der Länge n^2 bzw. $(n+1)^2$ ein Quadrat mit der Seitenlänge $n\cdot(n+1)$. Rechteck und Quadrat sind flächengleich. Abb. 27.14 zeigt die Zerlegung für ein 9x16-Rechteck.

Abb. 27.13 Zwölfzack

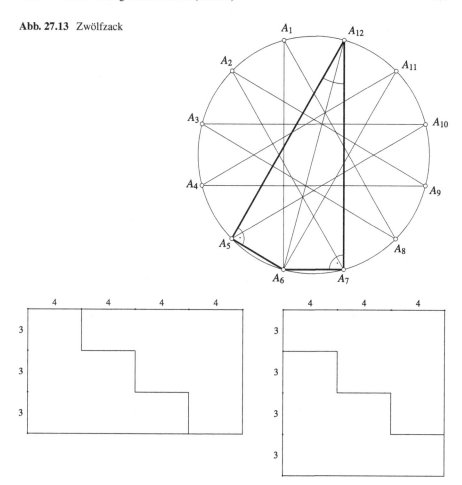

Abb. 27.14 Rechteck=Quadrat?

27.15   L-11.15 Teilung eines Dreiecks (081322)

Wir zeichnen durch P die drei Parallelen zu den Dreiecksseiten. So entstehen die drei Parallelogramme $AGPN$, $HBKP$ und $PLCM$, in denen jeweils eine Hälfte weiß und eine grau ist (Abb. 27.15). Außerdem entstehen die gleichseitigen Dreiecke GHP, NPM und PKL (gemäß Stufenwinkelsatz), die zu den Loten symmetrisch sind. Auch hier ist jeweils eine Hälfte weiß und eine grau. Daraus ergibt sich die Behauptung.

Abb. 27.15 Teilung eines
Dreiecks

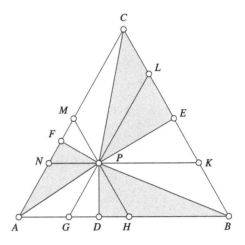

27.16 L-11.16 Achteck ohne Grenzen (071413)

Abb. 27.16 skizziert die Entstehung des neuen Achtecks. A_0 sei der Inhalt eines Kästchen (siehe Aufgabenstellung in 11.16). Dann gilt für den gesuchten Flächeninhalt A des neuen Achtecks:

$$
\begin{aligned}
A &= (\frac{1}{2} \cdot (2\,005^2 + 2\,004 \cdot 2\,006) \cdot 4 + 7) \cdot A_0 \\
&= (2 \cdot (2\,005^2 + (2\,005 - 1)(2\,005 + 1)) + 7) \cdot A_0 \\
&= (2 \cdot (2\,005^2 + 2\,005^2 - 1) + 7) \cdot A_0 \\
&= (4 \cdot 2\,005^2 + 5) \cdot A_0 \\
&= 16\,080\,105 \cdot A_0
\end{aligned}
$$

27.17 L-11.17 Wie ALT ist das Dreieck? (081412)

Wir beziehen uns in der Lösung auf Abb. 11.7 der Aufgabenstellung.

- Das Dreieck ABC ist rechtwinklig. Daraus folgt $|\sphericalangle ACB| + \beta = 90°$.
- Das Dreieck ALC ist gleichschenklig mit $|CA| = |CL|$

$$\Rightarrow 2 \cdot |\sphericalangle CLA| + |\sphericalangle ACB| = 180° \ (*).$$

- Das Dreieck ABT ist gleichschenklig mit $|BA| = |BT|$

$$\Rightarrow 2 \cdot |\sphericalangle ATB| + \beta = 180° (**).$$

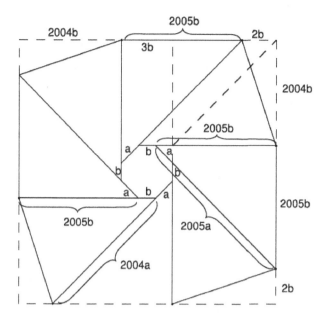

Abb. 27.16 Achteck ohne Grenzen

Es gilt:

$$2 \cdot |\sphericalangle CLA| + |\sphericalangle ACB| + 2 \cdot |\sphericalangle ATB| + \beta = 2 \cdot |\sphericalangle CLA| + 2 \cdot |\sphericalangle ATB| + (\beta + |\sphericalangle ACB|)$$
$$= 2 \cdot (|\sphericalangle CLA| + |\sphericalangle ATB|) + 90° = 360°$$
$$\Rightarrow 2 \cdot (|\sphericalangle CLA| + |\sphericalangle ATB|) = 270°$$
$$\Rightarrow |\sphericalangle CLA| + |\sphericalangle ATB| = 135°$$
$$\Rightarrow |\sphericalangle LAT| = 45°$$

Wenn das Dreieck ALT gleichschenklig sein soll, dann muss A die Spitze sein, weil sonst $|\sphericalangle CLA| = 90°$ (Widerspruch zu (∗)) oder $|\sphericalangle ATB| = 90°$ (Widerspruch zu (∗∗)) sein müsste. Somit erhalten wir:

$$|\sphericalangle CLA| = |\sphericalangle ATB| = (180° - 45°) \div 2 = 67,5°$$
$$\Rightarrow \beta = 45° \text{ wegen } (∗∗)$$

27.18   L-11.18 Achteck im Quadrat (071422)

Wir entnehmen alle Bezeichnungen Abb. 27.17.
Aus Symmetriegründen gilt:

Abb. 27.17 Achteck im
Quadrat

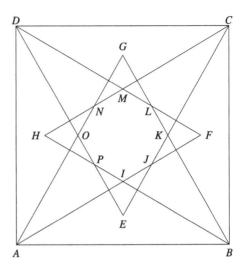

$$|\sphericalangle NML| = |\sphericalangle LKJ| = |\sphericalangle JIP| = |\sphericalangle PON| = \alpha$$

Da die nach innen gezeichneten Dreiecke gleichseitig sind, gilt weiter:

$$|\sphericalangle BHC| = |\sphericalangle DFA| = |\sphericalangle AGB| = |\sphericalangle CED| = 60°$$

Zusätzlich ist:

$$|\sphericalangle IPO| = |\sphericalangle KJI| = |\sphericalangle MLK| = |\sphericalangle ONM| = \beta$$

Wegen der Winkelsumme im Viereck $HIFM$ erhalten wir:

$$360° = 60° + \alpha + 60° + \alpha$$
$$\Rightarrow 2\alpha = 240° \Rightarrow \alpha = 120°$$

Weiter gilt:

$$4\alpha + 4\beta = (8-2) \cdot 180° = 6 \cdot 180°$$
$$\Rightarrow \alpha + \beta = 270°$$
$$\Rightarrow \beta = 270° - 120° = 150°$$

Die Innenwinkel im Achteck sind also 120° bzw. 150° groß.

Kapitel 28
Geometrische Algebra

28.1 L-12.1 Diagonale mit Eckpunkten (080923)

Von jeder der n Ecken des n-Ecks gehen $(n - 3)$ Diagonalen weg. Bei dieser Betrachtungsweise wird jede Diagonale doppelt gezählt.
Die Anzahl d der Diagonalen eines n-Ecks beträgt also $d = \frac{n(n-3)}{2}$ $(*)$.

a) Es gilt $d = 3n$. Setzen wir dies in obige Gleichung $(*)$ ein, erhalten wir:

$$3n = \frac{n(n - 3)}{2} \text{ bzw. } 6n = n(n - 3)$$

Dividieren wir durch n (ungleich Null), erhalten wir $n - 3 = 6$ bzw. $n = 9$.

b) Es gilt $n = 3d$. Setzen wir $(*)$ in diese Gleichung ein, erhalten wir durch Umformen $2n = 3n(n - 3)$.
Nach Division durch n (ungleich Null) folgt daraus $2 = 3(n - 3)$ bzw. $n = \frac{11}{3}$.
Das ist keine natürliche Zahl. Also gibt es keine solchen n-Ecke.

28.2 L-12.2 Monsterwürfel (071113)

a) Es sei a die Kantenlänge des ursprünglichen Würfels.
Nun gilt für das Volumen:
$V = a^3 = 2 \cdot (1 + 8 + 27 + 64) + 0,80 \cdot a^3$
$\Rightarrow 0,20 \cdot a^3 = 200 \text{ cm}^3$
$\Rightarrow a^3 = 1000 \text{ cm}^3$
Die Kantenlänge des ursprünglichen Würfels beträgt somit $10\,\text{cm}$.

b) Die Zeichnung eines möglichen Restkörpers zeigt Abb. 28.1.

© Springer-Verlag GmbH Deutschland, ein Teil von Springer Nature 2020
P. Jainta und L. Andrews, *Mathe ist wirklich noch viel mehr*,
https://doi.org/10.1007/978-3-662-61460-0_28

Abb. 28.1 Monsterwürfel

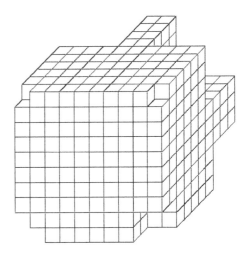

28.3 L-12.3 Der Mathefloh (081122)

Der Floh beginnt an der Stelle $a \neq 1$ und landet bei $b \neq 0$ mit $a + \frac{1}{b} = 1$. Als neue
Absprungstelle ergibt sich nach dem Umstellen $b = \frac{1}{1-a}$. Der Floh springt danach zu
$c \neq 0$ mit $b + \frac{1}{c} = 1$. Mit $b = \frac{1}{1-a}$ erhalten wir $\frac{1}{1-a} + \frac{1}{c} = 1$ und damit $\frac{1}{c} = 1 - \frac{1}{1-a}$,
d. h. $c = \frac{a-1}{a}$.
Dies ist die zweite Absprungstelle für den Floh, und er landet bei $d \neq 0$ mit $c + \frac{1}{d} = 1$.
Mit $c = \frac{a-1}{a}$ folgt schließlich $\frac{a-1}{a} + \frac{1}{d} = 1$, d. h. $1 - \frac{1}{a} + \frac{1}{d} = 1$ und daraus $d = a$.
Der Floh kommt somit nach drei Sprüngen wieder nach a zurück.

28.4 L-12.4 Der Quadratschneider (081211)

a) Sind p, q teilerfremd, dann durchquert die Diagonale keine Gitterecken im In-
   neren des Rechtecks. Durch bloßes Abzählen erkennen wir leicht: Es werden
   $1 + (p - 1) + (q - 1) = p + q - 1$ Einheitsquadrate echt geschnitten.
   Für $p = 5, q = 3$ sind dies sieben Quadrate (Abb. 28.2 links).
c) Wir lösen zuerst den allgemeinen Fall c.
   Wenn p, q nicht teilerfremd sind, lassen sich längs der Diagonalen insgesamt
   $ggT(p, q)$ Teilrechtecke finden mit den Seitenlängen $\frac{p}{\text{ggT}(p,q)}$ und $\frac{q}{\text{ggT}(p,q)}$.
   Die Diagonale geht in diesem Fall durch genau ggT(p, q) − 1 innere „Gitter-
   ecken" des Rechtecks. Für jeden Eckdurchgang müssen wir ein Einheitsquadrat
   in der Zählung subtrahieren. Es werden somit insgesamt
   $p + q - 1 - (\text{ggT}(p, q) - 1) = p + q - \text{ggT}(p, q)$ Einheitsquadrate geschnitten.
b) Mit der Lösung aus Teil c erhalten wir für $p = 15, q = 9$ genau 21 Einheitsquadrate, die geschnitten werden (Abb. 28.2 rechts).

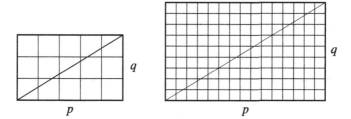

Abb. 28.2 Der Quadratschneider

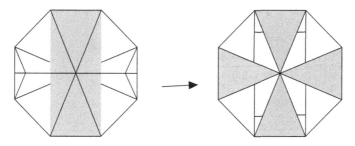

Abb. 28.3 Peters Karton Teil a

28.5   L-12.5 Peters Karton (081311)

a) Eine mögliche Lösung zeigt Abb. 28.3.
b) Jedes reguläre $2n$-Eck ($n \in \mathbb{N}$, $n > 2$) können wir durch die Verbindungsstrecken der Ecken (z. B. A und B) in $2n$ Bestimmungsdreiecke wie ABM zerlegen. Aus dem grauen Mittelstreifen lassen sich vier davon zusammenlegen (Abb. 28.4). Daraus folgt, dass der Flächeninhalt des Mittelstreifens an der Gesamtfläche $\frac{4}{2n} =$

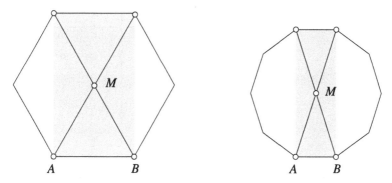

Abb. 28.4 Peters Karton Teil b

$\frac{2}{n}$ des regulären Vielecks beträgt, d.h., beim Sechseck sind dies zwei Drittel und beim regulären Zehneck zwei Fünftel der Gesamtfläche.

28.6 L-12.6 Eine Menge Gitterpunkte (071423)

Für die Anzahl N der Gitterpunkte der Menge M_n gilt:

$$N = 1 + 4 \cdot (1 + 2 + 3 + \ldots + n) = 1 + 4 \cdot \frac{n(n+1)}{2}$$

$$= 1 + 2n(n+1) \geq 2\,006$$

$$\Rightarrow n(n+1) \geq \frac{2\,006 - 1}{2} = 1\,002,5$$

Wir setzen einige Werte ein:

n	31	32	33
n(n+1)	992	1 056	1 122

Somit gilt $n > 32$.

Beispiel Abb. 28.5 zeigt die Menge M_3.

Abb. 28.5 Eine Menge Gitterpunkte

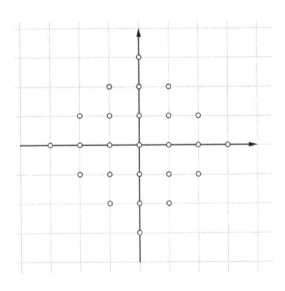

Kapitel 29
Besondere Zahlen

29.1   L-13.1 Palindrom (070812)

Wir betrachten die Palindrome mit zwei, vier, sechs oder acht Stellen:

$$\overline{aa} = a \cdot 11$$

$$\overline{abba} = a \cdot 1001 + b \cdot 11 \cdot 10 = a \cdot 11 \cdot 91 + b \cdot 11 \cdot 10 = 11 \cdot (a \cdot 91 + b \cdot 10)$$

$$\overline{abccba} = a \cdot 100001 + b \cdot 1001 \cdot 10 + c \cdot 11 \cdot 100$$
$$= a \cdot 11 \cdot 9091 + b \cdot 11 \cdot 91 \cdot 10 + c \cdot 11 \cdot 100$$
$$= 11 \cdot (a \cdot 9091 + b \cdot 91 \cdot 10 + c \cdot 100)$$

$$\overline{abcddcba} = a \cdot 10000001 + b \cdot 100001 \cdot 10 + c \cdot 1001 \cdot 100 + d \cdot 11 \cdot 1000$$
$$= a \cdot 11 \cdot 909091 + b \cdot 11 \cdot 9091 \cdot 10 + c \cdot 11 \cdot 91 \cdot 100 + d \cdot 11 \cdot 1000$$
$$= 11 \cdot (a \cdot 909091 + b \cdot 9091 \cdot 10 + c \cdot 91 \cdot 100 + d \cdot 1000)$$

Folglich ist 11 Teiler der vorgegebenen Palindrome.

29.2   L-13.2 2 000 Nullen (080911)

Die Zahl n ist keine Quadratzahl.

Begründung: n hat die Quersumme 2 001 und ist daher durch 3, aber nicht durch 9 teilbar. Zerlegt man eine Quadratzahl in Primfaktoren, so kommt jeder Primfaktor doppelt vor. Wäre n eine Quadratzahl, so müsste n also nicht nur durch 3, sondern auch durch 9 teilbar sein.

© Springer-Verlag GmbH Deutschland, ein Teil von Springer Nature 2020
P. Jainta und L. Andrews, *Mathe ist wirklich noch viel mehr*,
https://doi.org/10.1007/978-3-662-61460-0_29

29.3 L-13.3 Drei in Eins

Wenn die gesuchte Zahl durch 33 333 333 333 teilbar sein soll, dann muss sie auch durch die teilerfremden Zahlen 3 und 11 111 111 111 teilbar sein. Die Teilbarkeit durch 3 wird sichergestellt durch eine durch 3 teilbare Quersumme. Die Teilbarkeit einer nur aus Ziffern 1 bestehenden Zahl durch 11 111 111 111 ist nur gewährleistet, wenn die gesuchte Zahl aus $k \cdot 11 (k \in \mathbb{N})$ Ziffern 1 besteht. Die kleinste Zahl, die beide Bedingungen erfüllt, ist die Zahl aus 33 Ziffern 1 (Quersumme $= 33$, $k = 3$).

29.4 L-13.4 67^2 im Kopf?

a) Die Berechnung von 59^2, 82^2 und 19^2 entnehmen wir Abb. 29.1. Für jede zwei-stellige Zahl x mit der Zehnerziffer a und der Einerziffer b gilt: $x = 10a + b$

$$\Rightarrow x^2 = (10a + b)^2 = 100a^2 + 20ab + b^2 = 10ab + (100a^2 + b^2) + 10ab$$

Da $100a^2$ auf zwei Nullen endet und b^2 wie a^2 höchstens zweistellig ist, ist $100a^2 + b^2$ eine vierstellige Zahl, bei der die beiden Quadratzahlen von a und b nebeneinander stehen. An der Stellung von ab in der Addition erkennen wir, dass bei der Darstellung $10ab$ sowohl über als auch unter dieser vierstelligen Zahl steht. Einstellige Quadrate müssen an der richtigen Stelle, durch 0 zu einer zweistelligen Zahl ergänzt, aufgeschrieben werden.

b) Es ist $x = \overline{abc}$ eine dreistellige Zahl mit den Ziffern a, b und c, d. h. $x = 100a + 10b + c$. Daher gilt: $x^2 = (100a + 10b + c)^2$

$$= 10\,000a^2 + 1\,000ab + 100ac + 1\,000ab + 100b^2 + 10bc$$
$$+ 100ac + 10bc + c^2$$
$$= 100ac + (1\,000ab + 10bc) + (10\,000a^2 + 100b^2 + c^2)$$
$$+ (1\,000ab + 10bc) + 100ac$$

$100ac$ ist durch die Stellung in der Addition festgelegt. Die Zahl $1\,000ab + 10bc$ ist fünfstellig mit den nebeneinander stehenden, jeweils zweistelligen Produkten ab und bc und einer 0 am Ende. Der Term $10\,000a^2 + 100b^2 + c^2$ ist eine sechsstellige Zahl, bei der die drei zweistelligen Quadratzahlen a^2, b^2 und c^2 nebeneinander stehen. Abb. 29.1 zeigt auch die Berechnung für 524^2.

Abb. 29.1 67^2 im Kopf?

			524^2
59^2	82^2	19^2	$\overline{20}$
$\overline{45}$	$\overline{16}$	$\overline{09}$	1008
2581	6404	0181	250416
45	16	09	1008
$\overline{3481}$	$\overline{6724}$	$\overline{361}$	20
			$\overline{274576}$

Kapitel 30
Noch mehr zum Tüfteln

30.1 L-14.1 Gefleckte Quadrate (081011)

a) Ein mögliche Lösung zeigt Abb. 30.1.
b) Wir unterteilen die Anordnung in vier 3×3-Quadrate. Ein 3×3-Quadrat kann höchstens zwei schwarze 1×1-Quadrate enthalten, die vier 3×3-Quadrate also maximal acht.

30.2 L-14.2 Zehn Jahre FüMO (081021)

Wir stellen fest:

(1) Das Rätsel besteht aus zehn verschiedenen Buchstaben, d. h., es kommen alle Ziffern von 0 bis 9 vor.
(2) M kommt als einziger Buchstabe zweimal, jeder der anderen neun Buchstaben genau ein Mal vor.

Abb. 30.1 Gefleckte Quadrate

Aus (1) folgt: $Z + E + H + N + M + A + L + F + Ü + O = 0 + 1 + 2 + \ldots + 9 = 45$.
Andererseits erhalten wir für die Summe
$Z + E + H + N + M + A + L + F + Ü + M + O = 10 + 13 + 24 = 47$.
Wegen (2) können wir M berechnen: $M = 47 - 45 = 2$.
Deshalb kommen für die erste Zeile wegen der Quersumme 10 nur die Ziffern
0, 1, 3, 6 oder 0, 1, 4, 5 in Frage.
Den Fall 0, 1, 4, 5 können wir folgendermaßen ausschließen:
$Z = 5$ führt zu $F = 4$, aber 4 ist bereits vergeben, $Z = 4$ führt zu $F = 3$, dies ist nicht
möglich, da die Quersumme von FÜMO 24 betragen soll ($2 + 3 + 8 + 9 < 24$),
$Z = 0$ oder 1 ist nicht möglich. Da $F \neq 2$, muss $Z = 6$, also $F = 5$ sein.
Wegen $2 + 5 + 8 + 9 = 24$ muss die dritte Zeile aus den Ziffern 2, 5, 8, 9 und
damit die zweite Zeile aus den Ziffern 2, 4, 7 bestehen. Damit finden wir die einzige
Lösung: $6\,103 - 274 = 5\,829$.

30.3   L-14.3 Symmetrische Legemuster (081111)

a) Wenn eine ungerade Anzahl von Blättchen in einer Farbe eingefärbt ist, muss
   eines der Blättchen auf der Diagonalen liegen, die anderen lassen sich dann symmetrisch einsortieren.
   Es können maximal fünf Farben (= Felder in der Diagonalen) in einer ungeraden
   Anzahl von Blättchen auftreten.
   Da 25 eine ungerade Zahl ist, gilt: Bei der Zerlegung von 25 in sechs Summanden können nur einer, drei oder fünf ungerade (u) sein, und mindestens einer ist
   gerade (g).
   Wegen $u + u = g$ gilt: $u + g + g + g + g + g = 25$ oder $u + u + u + g + g = 25$
   oder $u + u + u + u + u + g = 25$.
   $u + u + g = 25$ und $u + u + u + u + g = 25$ sind nicht möglich.
   Sieben Farben gehen nicht immer. Bei der Verteilung $1 + 1 + 1 + 1 + 1 + 19 = 25$
   ist z. B. kein symmetrisches Muster möglich.
   Insgesamt gilt: Mit bis zu sechs Farben ist das Legen eines diagonalsymmetrischen Musters immer möglich.
b) Auf einer Seite der Diagonalen können zehn verschiedenfarbige Blättchen liegen.
   Mit den dazu symmetrischen Blättchen sind 20 Blättchen farblich festgelegt. Dazu
   können noch fünf zusätzliche Farben für die Felder auf der Diagonalen kommen.
   Ab 16 Farben ist das Legen eines diagonalsymmetrischen Musters also nicht mehr
   möglich.

30.4   L-14.4 Mobile (071211)

Wir führen die folgenden Bezeichnungen ein:
f = Gewicht des ?, s = Gewicht eines Stabes, k = Gewicht eines Kreises,

r = Gewicht eines Rechtecks und d = Gewicht eines Dreiecks.
Wir erhalten so:

$$k = 2s \qquad (1)$$
$$f = k + 3s = 2k + s \qquad (2)$$
$$3r + k = 4s + f + k \Rightarrow 3r = 4s + f \qquad (3)$$
$$r + k = d \qquad (4)$$
$$(1) \text{ in } (2) \quad f = 5s \qquad (5)$$

$(5) \Rightarrow 3r = 4s + 5s = 9s \Rightarrow r = 3s \Rightarrow 3s + 2s = 5s = d$.
Die Möglichkeiten für das Fragezeichen sind also:
$5s$, $k + 3s$, $2k + s$, $r + k$, $2s + r$ und d.

30.5 L-14.5 Kalenderblatt (081212)

a) In einem 3×3-Feld stehen, wenn n die kleinste Zahl ist, immer folgende Zahlen:

n	$n + 1$	$n + 2$
$n + 7$	$n + 7 + 1$	$n + 7 + 2$
$n + 14$	$n + 14 + 1$	$n + 14 + 2$

Für ihre Summe S gilt:

$$S = 3(n + n + 1 + n + 2) + 3 \cdot 7 + 3 \cdot 14$$
$$= 9n + 3 \cdot 1 + 3 \cdot 2 + 3 \cdot 7 + 3 \cdot 14 = 9n + 72$$
$$= 9(n + 8)$$

b) Für ein 4×4-Feld gilt entsprechend:

$$S = 4(n + n + 1 + n + 2 + n + 3) + 4 \cdot 7 + 4 \cdot 14 + 4 \cdot 21$$
$$= 16n + 4 \cdot 1 + 4 \cdot 2 + 4 \cdot 3 + 24 \cdot 7 = 16n + 192$$
$$= 16(n + 12)$$

30.6 L-14.6 Olympische Ringe (071313)

a) Wenn die Zahlensumme minimal sein soll, müssen in den Feldern, die zu zwei
   Kreisen gehören, die kleinsten Zahlen 1, 2, 3 und 4 stehen, da diese doppelt
   zählen. In den übrigen Kreisteilen stehen die Zahlen 5, 6, 7, 8 und 9.
   Die Gesamtsumme beträgt $2 \cdot (1 + 2 + 3 + 4) + (5 + 6 + 7 + 8 + 9) = 55$.
   Damit ergibt sich für jeden Kreis die minimale Zahlensumme 11. Damit muss die

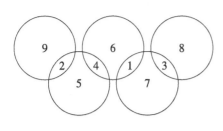
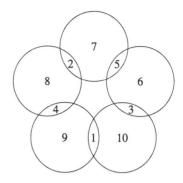

Abb. 30.2 Olympische Ringe

9 in einem Randkreis mit zwei Teilen mit der 2 kombiniert werden, und für die 8 bleibt nur die Kombination mit der 3 im anderen zweigeteilten Randkreis. Die restlichen Zahlen sind damit eindeutig festgelegt (Abb. 30.2 links).

b) Für die geschlossene Ringfigur erhalten wir als minimale Kreissumme
$[2 \cdot (1 + 2 + 3 + 4 + 5) + 6 + 7 + 8 + 9 + 10] \div 5 = 14$.
Dabei kann die 10 nur mit 1 und 3 kombiniert werden und damit sind alle anderen Zahlen eindeutig festgelegt (Abb. 30.2 rechts).

30.7 L-14.7 Teilerglücksrad

- Bei den Teilern 2, 5, 10 gewinnt der erste Spieler durch den Eintrag der Endziffern „gerade", „5 oder 0" oder „0".
- Bei den Teilern 3 und 9 gewinnt immer der zweite Spieler durch seinen letzten Eintrag, da nur er die Quersumme der vierstelligen Zahl immer zu einer durch 3 bzw. durch 9 teilbaren Zahl ergänzen kann.
- Auch bei dem Teiler 7 gewinnt immer der zweite Spieler, da er durch paarweise Aufteilung der vierstelligen Zahl in zwei zweistellige Zahlen immer zwei durch 7 teilbare Zahlen erzeugen kann. Damit ist auch die vierstellige Zahl durch 7 teilbar. Die Zahl 7 teilt z. B. 2 891, weil 2 800 und 91 Vielfache von 7 sind.
- Bei den Teilern 4, 6, 8 und 12 kann der erste Spieler durch den Eintrag einer ungeraden Endziffer den Sieg des zweiten Spielers verhindern.

Aber auch der zweite Spieler kann den Sieg des ersten Spielers verhindern.

- Bei Teiler 4, indem er verhindert, da die letzten zwei Ziffern eine durch 4 teilbare Zahl bilden.
- Bei Teiler 6, indem er die Quersumme nicht durch 3 teilbar macht.
- Bei Teiler 8, indem er erst den Tausender setzt und dann verhindert, dass die letzten drei Ziffern durch 8 teilbar sind.

Da sowohl der erste als auch der zweite Spieler drei Gewinnchancen haben, ist das Spiel fair.

30.8 L-14.8 Rudi rät (081423)

Betrachten wir die Aussagen A_1, A_2 und A_3 von Alfred, dann gibt es die folgenden sechs Möglichkeiten:

	1. Fall	2. Fall	3. Fall	4. Fall	5. Fall	6. Fall
A_1	w	w	w	f	f	f
A_2	w	f	f	f	w	w
a_3	f	w	f	w	f	w

Dabei steht w für wahr und f für falsch.

- Fall 1 führt sofort zu einem Widerspruch.
- Fall 2 ist ebenfalls nicht möglich, da sonst n eine Primzahl kleiner als 20 wäre und damit überhaupt keine Aussage von Christine zutreffen würde, was ausgeschlossen ist.
- Fall 4 ist wiederum nicht möglich, da mit Ausnahme von $n = 10$ Christine in keinem Fall richtig läge, denn ihre zweite und dritte Aussage sind auf jeden Fall falsch. Die Zahl n kann aber auch nicht gleich 10 sein, denn dann wären alle Aussagen von Eike richtig, was ebenfalls ausgeschlossen ist.
- Fall 5 entfällt ebenfalls, da sonst alle Aussagen von Eike falsch wären.
- Fall 6 scheidet aus, da für n nur 14 in Frage käme und damit alle Aussagen von Christine falsch wären.

Damit kann nur Fall 3 eintreten: n ist eine Primzahl, die nicht durch 7 teilbar und größer oder gleich 20 ist. Daraus folgt, dass die ersten beiden Aussagen von Bertram falsch sind, also muss seine dritte Aussage zutreffen. Damit ist das Elffache von n kleiner als 1 000. Daraus folgt, dass die erste und zweite Aussage von Christine falsch sind. Also muss ihre dritte Aussage richtig sein. Somit ist das Zwölffache von n größer als 1 000. Somit muss $n \leq 90$ gelten. Wegen $11 \cdot n < 1000$ und $12 \cdot n > 1000$ ist $83 < n < 91$.
Da n eine Primzahl ist, ist $n = 89$.

Kapitel 31
Probleme des Alltags

31.1 L-15.1 Begegnung (070813)

Auto 1 benötigt 170 min für die Gesamtstrecke.
Auto 2 braucht 100 min bis zum Treffpunkt und legt dabei 160 km zurück.
Auto 1 schafft diese 160 km in der Zeit 170 min − 50 min = 120 min = 2 h.
Auto 1 fährt daher mit der Geschwindigkeit $\frac{160}{2} = 80 \frac{km}{h}$.
Die Gesamtstrecke von A-Stadt nach B-Dorf beträgt somit
$80 \frac{km}{h} \cdot 170 \, min = \frac{80}{60} \cdot 170 \, km = 226 \frac{2}{3} \, km$.

31.2 L-15.2 Zwetschgen, Zwetschgen, Zwetschgen (070911)

Dieter findet $(36 \div 3) \cdot 4 + 3 = 51$ Zwetschgen vor.
Carolin findet $(51 \div 3) \cdot 4 = 68$ Zwetschgen vor.
Bernd findet $((68 - 2) \div 3) \cdot 4 = 88$ Zwetschgen vor.
Anna findet $((88 - 1) \div 3) \cdot 4 = 116$ Zwetschgen vor.
Es waren anfangs 116 Zwetschgen vorhanden.
Davon isst Anna 28, Bernd 20, Carolin 17 und Dieter 15.

31.3 L-15.3 Bewässerung (070912)

Meister und Geselle müssen zusammen noch $(86 - 24) \cdot 19,5 \, l = 1209 \, l$ tragen.
Wenn der Meister zweimal geht, geht der Geselle dreimal:
$1209 \, l \div (2 \cdot 19,5 \, l + 3 \cdot (10 \, l + 12 \, l)) = 1209 \, l \div 105 \, l = 11 + \frac{54}{105}$
$54 \, l - (19,5 \, l + 22 \, l) = 13,5 \, l$
Die restlichen 13,5 l trägt der Geselle, da er eher wieder am Brunnen ankommt.
Der Meister geht insgesamt $24 + 2 \cdot 11 + 1 = 47$ Mal.
Der Geselle geht insgesamt $3 \cdot 11 + 2 = 35$ Mal.

© Springer-Verlag GmbH Deutschland, ein Teil von Springer Nature 2020
P. Jainta und L. Andrews, *Mathe ist wirklich noch viel mehr*,
https://doi.org/10.1007/978-3-662-61460-0_31

Tab. 31.1 Umschütten

12-l-Gefäß	12	4	4	9	9	1	1	7	7	2	2	10	12	4	4	9	9	1	1	6	6	11
8-l-Gefäß	0	8	3	3	0	8	6	0	5	5	8	0	0	8	3	3	0	8	6	6	1	1
5-l-Gefäß	0	0	5	0	3	3	5	5	0	5	2	2	0	0	5	0	3	3	5	0	5	0

31.4   L-15.4 Inflation in FüMO-Land (080921)

Der Anfangspreis sei z. Jeder spätere Preis hat die Form $z \cdot 3^j \cdot 5^k$ mit gleicher Gesamtzahl $j+k$ ($j, k \in \mathbb{N}$) von Dreier- und Fünferfaktoren. Dabei ist $j+k$ die Anzahl der vergangenen Monate. Das Verhältnis v zweier Preise hat die Form $v = \frac{z \cdot 3^{j_1} \cdot 5^{k_1}}{z \cdot 3^{j_2} \cdot 5^{k_2}}$. Nach Kürzen von z und den Dreier- bzw. Fünferfaktoren bleiben gleich viele Faktoren in Zähler und Nenner übrig:
$v = \frac{3^n}{5^n} = (\frac{3}{5})^n$ oder $\frac{1}{v} = \frac{5^n}{3^n} = (\frac{5}{3})^n$ ($j_1, j_2, k_1, k_2, n \in \mathbb{N}$)
Sortiert man die sieben entstandenen Preise der Größe nach, so entsteht jeder Nachfolger aus dem Vorgänger durch Multiplikation mit einer Potenz von $\frac{5}{3}$. Der größte Preis entsteht aus dem kleinsten also durch Multiplikation mit mindestens sechs Faktoren $\frac{5}{3}$. Wir erhalten daher $(\frac{5}{3})^6 \approx 21{,}42 > 21$.

31.5   L-15.5 Umschütten (071011)

Wir entnehmen die Lösung Tab. 31.1.
Wählen wir die kleinen Gefäße zu 8 l und 4 l, so lassen sich jeweils nur 4 l und 8 l zusätzlich erzeugen.

31.6   L-15.6 Aus Trauben werden Rosinen (071021)

a) Es sei m das Gewicht der Trauben nach fünf Tagen. Wir erhalten
   $m = 125\,\text{kg} \cdot \frac{15}{100} \cdot \frac{100}{30} = 125\,\text{kg} \cdot \frac{1}{2} = 62{,}5\,\text{kg}$.
   Die 125 kg Trauben wiegen demnach nach fünf Tagen nur noch 62,5 kg.
b) Es sei nun m das anfängliche Gewicht der Trauben. Wir erhalten
   $m = 3\,\text{kg} \cdot \frac{80}{100} \cdot \frac{100}{15} = 3\,\text{kg} \cdot \frac{16}{3} = 16\,\text{kg}$.
   Um 3 kg Rosinen zu erhalten, sind also 16 kg Trauben nötig.

31.7   L-15.7 Klassenwechsel (081223)

Wir führen folgende Bezeichnungen ein:
m_a: Mädchenanzahl in der 8a vor dem Wechsel
a: Gesamtzahl der Schüler in der 8a

m_b: Mädchenanzahl in der 8b vor dem Wechsel
b Gesamtzahl der Schüler in der 8b

Der Mädchenanteil vor dem Wechsel in der 8a ist $\frac{m_a}{a}$ und nach dem Wechsel $\frac{m_a-1}{a-2}$.
Der Mädchenanteil vor dem Wechsel in der 8b beträgt $\frac{m_b}{b}$ und nach dem Wechsel
$\frac{m_b+1}{b+2}$. Der Unterschied in der 8a ist

$$\frac{m_a-1}{a-2} - \frac{m_a}{a} = \frac{(m_a-1)a - m_a(a-2)}{(a-2)a} = \frac{2m_a - a}{(a-2)a} > 0,$$

da in der 8a mehr Mädchen als Jungen sind.
Folglich ist in der 8a der Mädchenanteil größer geworden.
Der Unterschied in der 8b ist entsprechend

$$\frac{m_b+1}{b+2} - \frac{m_b}{b} = \frac{(m_b+1)b - m_b(b+2)}{(b+2)b} = \frac{b - 2m_b}{(b+2)b} > 0,$$

da in der 8b mehr Jungen als Mädchen sind. Folglich ist auch in der 8b der Mädchenanteil gestiegen.

31.8 L-15.8 Das Tulpenfeld (071311)

Es sei a die Anzahl der Tulpen auf der Längsseite und b die Anzahl der Tulpen auf der Breitseite. Dann gilt:
$2a + 2b - 4 = 66$ (Ecken doppelt!) $\Rightarrow a + b = 35$ und $(a-2)(b-2) = 210$
Wegen $210 = 2 \cdot 3 \cdot 5 \cdot 7$ müssen alle die möglichen Produkte mit zwei Faktoren untersuchen, d.h. $210 = 2 \cdot 105 = 3 \cdot 70 = 5 \cdot 42 = 6 \cdot 35 = 7 \cdot 30 = 10 \cdot 21 = 14 \cdot 15$.
Nur bei dem Produkt $10 \cdot 21$ ist auch die Bedingung $a + b = 35$ erfüllt.
Aus $a - 2 = 10$ und $b - 2 = 21$ folgt $a = 12$ und $b = 23$.
Folglich stehen 23 rote Tulpen auf der Längsseite und zwölf auf der Breitseite.
Das Beet ist $22 \cdot 15\,\text{cm} + 10\,\text{cm} = 340$ cm lang und $11 \cdot 15$ cm $+10$ cm $= 175$ cm breit. Der Flächeninhalt beträgt $59\,500$ cm^2 = 5,95 m^2, d.h., das Beet ist knapp $6\,\text{m}^2$ groß.

31.9 L-15.9 Zenzi und Anton (071321)

Anton wohnt bei $51 + x$, und Zenzi wohnt bei $51 - x$. Anton ist doppelt so schnell wie Zenzi. Also gilt für ihre Geschwindigkeiten $v_A = 2 \cdot v_Z$. Wir erhalten somit:

Tab. 31.2 Handballturnier

	1	2	3	4	5	6	7
1	×	2	2	2	2	2	2
2	0	×	2	2	2	2	2
3	0	0	×	2	2	2	2
4	0	0	0	×	1	2	2
5	0	0	0	1	×	1	2
6	0	0	0	0	1	×	1
7	0	0	0	0	0	1	×

$$(51 + x) - 46 = 2(46 - (51 - x))$$
$$\Rightarrow 5 + x = 92 - 102 + 2x$$
$$\Rightarrow x = 15$$

Anton wohnt daher bei Laterne Nr. 66 und Zenzi bei Laterne Nr. 36.

31.10   L-15.10 Handballturnier (081413)

Sieben Mannschaften treten gegeneinander an. Es finden insgesamt $(7 \cdot 6) \div 2 = 21$ Spiele statt. Es werden insgesamt 42 Punkte verteilt. Die Siegermannschaft spielt sechs Spiele und kann höchstens zwölf Punkte erhalten, die vier letzten Mannschaften tragen $(4 \cdot 3) \div 2 = 6$ Spiele untereinander aus und erreichen zusammen mindestens zwölf Punkte. Der Erste hat zwölf Punkte erzielt, die vier Letzten müssen zusammen ebenfalls zwölf Punkte erzielt haben. Somit bleiben $42 - 2 \cdot 12 = 18$ Punkte für den Zweiten und Dritten. Da alle verschiedene Endpunktzahlen haben, hat der Zweite zehn und der Dritte acht Punkte. Der Zweite muss von seinen sechs Spielen alle außer dem Spiel gegen den Ersten gewonnen haben. Der Dritte hat vier Spiele gewonnen und die Spiele gegen den Ersten und Zweiten verloren. Durch Probieren finden wir für die letzten vier Mannschaften als einzig mögliche Verteilung:

×	1	2	2
1	×	1	2
0	1	×	1
0	0	1	×

Damit hat der Zweite gegen den Vierten gewonnen, und das Spiel des Fünften gegen den Sechsten endete unentschieden. Tab. 31.2 zeigt die Punkteverteilung.

Kapitel 32
... mal was ganz anderes

32.1   L-16.1 Schneckentempo (070913)

Die Schnecke würde am ersten Tag $\frac{1}{2}$, am zweiten Tag $\frac{1}{4}$, am dritten Tag $\frac{1}{6}$ und am vierten Tag $\frac{1}{8}$ der Gesamtlänge zurückgelegt haben.

Daraus ergeben sich die zurückgelegten Teile nach den jeweiligen Tagen:
$\frac{1}{2}; \frac{1}{2} + \frac{1}{4} = \frac{3}{4}; \frac{1}{2} + \frac{1}{4} + \frac{1}{6} = \frac{11}{12}$

Aus $\frac{1}{8} > \frac{1}{12}$ folgt, dass die Schnecke am vierten Tag an das Bandende gelangt. Zu Beginn des vierten Tages fehlen $\frac{1}{12}$ von $40\,\mathrm{m} = 3\frac{1}{3}\,\mathrm{m}$. Somit hat die Schnecke $3 \cdot 5 + 3\frac{1}{3} = 18\frac{1}{3}\,\mathrm{m}$ zurückgelegt.

32.2   L-16.2 Fuchsjagd (071012)

In der Zeit von $2 \cdot 6 = 12$ Hundesprüngen hüpft der Fuchs $2 \cdot 9 = 18$ Mal.

Dabei legt der Hund einen Weg zurück, der $(12 \div 4) \cdot 7 = 21$ Fuchssprüngen entspricht. Der Hund holt also bei zwölf eigenen Sprüngen einen Vorsprung von $21 - 18 = 3$ Fuchssprüngen auf. Um den Vorsprung von $60 = 20 \cdot 3$ Fuchssprüngen einzuholen, muss der Hund also $20 \cdot 12 = 240$ Sprünge ausführen. Während dieser 240 Hundesprünge schafft der Fuchs $20 \cdot 18 = 360$ Sprünge und erreicht den rettenden Bau.

© Springer-Verlag GmbH Deutschland, ein Teil von Springer Nature 2020
P. Jainta und L. Andrews, *Mathe ist wirklich noch viel mehr,*
https://doi.org/10.1007/978-3-662-61460-0_32

32.3　L-16.3 Kreuzzahlrätsel (071213)

Die Lösung entnehmen wir der folgenden Grafik.

^{1}3	^{2}6	^{3}1	^{4}4	^{5}4
^{6}2	2	0	9	5
^{7}2	5	0	^{8}5	2
^{9}8	^{10}1	^{11}1	^{12}6	5
^{13}9	6	1	^{14}4	4

32.4　L-16.4 Kugelziehung (081222)

a) Alle 16 Kugeln können mit 15 anderen Kugeln, ohne Berücksichtigung der Reihenfolge, kombiniert werden.

Damit gibt es $(16 \cdot 15) \div 2 = 120$ mögliche Züge.

Gefäß 1: Die acht schwarzen Kugeln können mit je acht roten kombiniert werden, d. h., es gibt $8 \cdot 8 = 64$ erwünschte Züge.

Die Wahrscheinlichkeit dafür ist $\frac{64}{120} = \frac{8}{15}$.

Gefäß 2: Die neun schwarzen Kugeln können mit je sieben roten kombiniert werden, d. h., es gibt $9 \cdot 7 = 63$ erwünschte Züge.

Die Wahrscheinlichkeit dafür beträgt $\frac{63}{120} = \frac{21}{40}$.

Gefäß 3: Die zehn schwarzen Kugeln können mit je sechs roten kombiniert werden, d. h., es gibt $10 \cdot 6 = 60$ erwünschte Züge.

Die Wahrscheinlichkeit dafür ist $\frac{60}{120} = \frac{1}{2}$.

b) Bei 25 Kugeln gibt es nach Teil a 300 mögliche Züge. Um eine Wahrscheinlichkeit von 50 % zu erzielen, sind 150 „günstige" Fälle notwendig. Die erhalten wir, wenn wir 15 schwarze und zehn weiße oder 15 weiße und zehn schwarze Kugeln zur Verfügung haben.

Aufgaben geordnet nach Lösungsstrategien

© Springer-Verlag GmbH Deutschland, ein Teil von Springer Nature 2020
P. Jainta und L. Andrews, *Mathe ist wirklich noch viel mehr,*
https://doi.org/10.1007/978-3-662-61460-0

Stichwortverzeichnis

© Springer-Verlag GmbH Deutschland, ein Teil von Springer Nature 2020
P. Jainta und L. Andrews, *Mathe ist wirklich noch viel mehr,*
https://doi.org/10.1007/978-3-662-61460-0

Willkommen zu den Springer Alerts

Unser Neuerscheinungs-Service für Sie:
aktuell | kostenlos | passgenau | flexibel

Mit dem Springer Alert-Service informieren wir Sie individuell und kostenlos über aktuelle Entwicklungen in Ihren Fachgebieten.

Jetzt anmelden!

Abonnieren Sie unseren Service und erhalten Sie per E-Mail frühzeitig Meldungen zu neuen Zeitschrifteninhalten, bevorstehenden Buchveröffentlichungen und speziellen Angeboten.

Sie können Ihr Springer Alerts-Profil individuell an Ihre Bedürfnisse anpassen. Wählen Sie aus über 500 Fachgebieten Ihre Interessensgebiete aus.

Bleiben Sie informiert mit den Springer Alerts.

Mehr Infos unter: springer.com/alert

Part of **SPRINGER NATURE**

Printed in the United States
By Bookmasters